の山田亮佑氏，3次元物体姿勢推定をカーネギーメロン大学の岩瀬駿氏に，ニュウモン記事として点群深層学習を早稲田大学/オムロンサイニックエックス株式会社の千葉直也氏に執筆いただいた。敵対的学習は，統計的なモデルの穴を塞ぎ，より信頼性の高い技術構築をする上でも重要な考え方である。点群処理は，3次元データにおける最も一般的な記述形式に対応した処理であるが，これも深層学習により大きくリノベートされ，大量データを高速に処理できるようになってきており，特にロボット制御や自動運転などで実用性が高まっている。同じトレンドを各研究者の観点から解説していただいているため，多少の重なりがある点はご容赦願いたい。その一方で，さまざまな側面から論じていることで，かえって理解が進むこともあるだろう。これらの分野は応用の観点でも重要性が高いため，相当数の研究が積み上がっており，初学者にとっては敷居が高いかもしれないが，今回も各分野の第一線で研究する専門家に非常にわかりやすく解説していただいたので，その世界観を俯瞰するとともに楽しんでいただければと思う。

参考文献

[1] R. Rombach et al. High-Resolution Image Synthesis with Latent Diffusion Models. *arXiv:2112.10752*, 2021.

[2] A. Vaswani et al. Attention is All You Need. *arXiv:1706.03762*, 2017.

[3] J. Devlin et al. BERT: Pre-training of Deep Bidirectional Transformers for Language Understanding. *arXiv:1810.04805*, 2018.

[4] A. Radford et al. Improving Language Understanding with Unsupervised Learning. https://openai.com/blog/language-unsupervised/, 2018.

[5] A. Chowdhery et al. PaLM: Scaling Language Modeling with Pathways. *arXiv:2204.02311v3*, 2022.

[6] S. Reed et al. A Generalist Agent. *arXiv:2205.06175*, 2022.

いじり よしひさ（LINE 株式会社）

JN046998

コンピュータビジョン最前線

CV

Winter 2022

3次元の世界を理解する技術

共立出版

コンピュータビジョン最前線

CV

Winter
2022

Contents

『コンピュータビジョン最前線』
創刊1周年にあたり

■井尻善久

　2021年の12月に創刊した『コンピュータビジョン最前線』シリーズは，本書で5刊目になる。シリーズの企画時にはうまくいくかわからないままの手探りであったが，こうして1周年を迎えることができ，正直ほっとしている。国内研究コミュニティの活発な活動があってこそ実現したことであるとともに，時間を惜しまず最先端技術を丁寧に解説していただいた執筆者らの尽力の賜である。

　この1年の間にも技術の目覚ましい進展があった。たとえば，創刊号で奈良先端科学技術大学院大学の品川氏に解説していただいた Vision and Language における画像生成が脚光を浴びており，Stable diffusion [1] のような軽量な生成モデルが出てきたことで，今まで手が届かないと思われてきた画像生成の様相は，一気に変わりつつある。NVIDIA 社の V100/A100 のような GPGPU，もしくはゲーム用の RTX-3060 や 3080 が1枚ありさえすれば，画像生成は一般の開発者でも手の届くレベルになりつつある。

　本書の読者らにはおそらく周知の事実と思われるが，こうした進展を取り巻く技術的な側面を振り返ってみたい。シリーズの "Summer 2022" で，さまざまなタスクに適用できる汎用の「基盤モデル」が解説された。これが重要な役割を果たした。CVPR2022 の中で最も目立ったキーワードの1つは Transformer [2] であり，この最もユニバーサルなモデルが，BERT [3] で提案されたような，無限に生成できる pretext task を用いた自己教師付き学習（もしくは，見かけ上教師データを与えないことから，教師なし事前学習）と結び付くことで，時間がかかるアノテーション付与が学習には必須であるという以前の常識が変わってきた。つまり，以前よりはるかに大規模な学習データを活用できるようになり，大規模なモデルによる汎用化が可能となったのである。ここで，教師なし事前学習だけでは，さまざまな下流タスクに適合させるためのファインチューニングにおいてラベル付きデータが少なからず必要であるが，GPT（generative pre-training）[4] の発表により，大規模なモデルは下流タスクに必要な知識も十分に学習しており，そうした知識はプロンプティングと呼ばれるインタフェース

により引き出せることが示された。プロンプティングは，対話的なインタフェースにより One-shot もしくは Few-shot のタスク例示をすることで，さまざまなタスクへの適合を可能にする画期的な発見である。以降，このパワーを引き出すプロンプトエンジニアリングが発展し，今年発表された PaLM [5] の論文においては Chain of thought プロンプティングと呼ばれる，思考過程を書き下したかのようなプロンプティングにより，論理思考的な推論結果を引き出せる可能性が示された。こうした進展により，特定のドメインで特定タスクを想定して学習した上でターゲットドメインやタスクに適合させるという汎化方法とは対照的に，いわば「全ドメインぶっこみ学習」でドメインの障壁なく汎化可能なモデルを作り，プロンプティングにより多様なタスクに一発適合させられるようになった。このように，ドメイン観点でもタスク観点でも適用範囲を点から面に広げた汎用モデルが実現されつつある。これが基盤モデルの世界観である。

この基盤モデルはどんどん広がりつつある。適用できるタスクの範囲は，言語タスクから画像/映像タスクに広がったのに留まらず，ロボット制御なども含むタスクに広げた Gato（generalist agent）[6] の例なども報告されており，汎用人工知能に繋がる可能性も見えつつある。こうした例からわかるように，基盤モデルのもう 1 つの重要な側面は，モダリティ間の融合である。特に，言語との融合により，検索や生成を思いどおりに制御するプロセスを簡便化できる可能性が見えてきている。音声なども含めたマルチモーダルなモデリングも，データさえ整備されれば実現されるだろう。一度データが整備されれば，技術の進展は非常に速い。しかし，視覚言語融合による Visual Language Model の学習においては，まだテキスト・画像のペアデータが必要な状況であり，LAION 5B のような巨大なデータがあるとはいえ，新たな学習データの整備は容易ではない。言語モデルのように正解ラベルなしで大量データに基づく学習を可能にするためには，モダリティ横断の pretext task の考案が望まれる。たとえば，Masked Modality Model などの形で解決されれば，この分野もアノテーションの呪縛から解放され，汎用的なモデル学習が進むだろう。

ここ数か月に起こった変化を振り返るだけでも興奮する。新たなモデルの評価と称して，AI を手懐けようと戯れているだけで時間が飛ぶように過ぎる。会社のチームミーティングも日々躍動感があり，非常に楽しい。とはいえ，技術の進展スピードは著しく速いため，研究やビジネス化の第一線で，最新技術を先取りして前線に躍り出るのは容易ではない。そのようなところをサポートし続ける存在として，本シリーズの価値を維持し続けることができればと思う。

さて，今回の『コンピュータビジョン最前線 Winter 2022』では，イマドキ記事として敵対的学習について中部大学の足立浩規氏に，フカヨミ記事として点群解析を LINE 株式会社の藤原研人氏，数式ドリブン点群事前学習を筑波大学

イマドキノ 敵対的学習
見えない敵と戦う最先端手法に迫る！

■足立浩規

コンピュータビジョン分野では，畳み込みニューラルネットワーク（convolutional neural network; CNN）の著しい発展に伴って，CNN による画像分類手法が人間と同程度または人間を上回る性能を達成している [1]。さらに，CNN は画像分類だけではなく物体検出 [2] やセマンティックセグメンテーション[1] [3]，画像生成 [4]，低解像度画像の高解像度化 [5] などのさまざまな分野で研究が進められており，優れた性能を実現している。しかしながら，CNN は人間が知覚困難な微小摂動を加えた画像，すなわち敵対的サンプル（adversarial examples; AEs) [6] に対して脆弱であり，誤分類を起こさせる攻撃がいとも簡単に実現することが知られている。さらに近年では，画像の意味的情報を保持して色味やテクスチャを変更するような攻撃 [7, 8, 9] も存在している。このような，特定の変化によって CNN に誤分類させる攻撃は，一般に敵対的攻撃（adversarial attack）と呼ばれている。

この脆弱性は CNN をもとにしたアプリケーション[2] のセキュリティの脅威となるため，生成モデルによるノイズ除去を利用した手法 [10, 11] や，検出器による AEs の事前検出手法 [12, 13, 14, 15]，知識蒸留を用いた手法 [16] などが提案されている。このような，CNN への敵対的攻撃のリスクを低減することは，一般に敵対的防御（adversarial defense）と呼ばれている。その中でも，AEs を学習することで敵対的攻撃に頑健なモデルを獲得する敵対的学習（adversarial training）は最も有名な防御手法であり，盛んに研究されている。

本稿では，敵対的学習を主題として，「敵対的学習とはどのような技術か？」「最新の敵対的学習ではどのような工夫がなされているか？」などをできる限りわかりやすく解説する。そのための準備として，まず「敵対的攻撃，特に AEs はどのように作られるか？」「どのような攻撃手法が提案されているか？」について概説する。その後，敵対的学習を定義して，さまざまな応用手法についていくつかのカテゴリに分けて解説する。最後に，敵対的学習における将来の展望や課題を述べて本稿をまとめる。

[1] 画像内の物体を画素単位で認識する技術。

[2] 自動運転車両，医療診断 AI，マルウェア検出などが例として挙げられる。自動運転車両が AEs によって「一時停止」の標識を「青信号」と誤分類してしまえば，交通事故が多発する。

1 AEs はどのように作られるか？

　図 1 は，この分野に馴染みがない人でも一度は目にしたことがあると思う。これは，CNN が正確に分類できる画像にもかかわらず，ある法則で画像に微小摂動を加えると，まったく異なるクラスに分類される例である。具体的には，パンダの画像の各画素値をわずかに変化させると，人間は正しく「パンダ」と答えられるが，CNN は不思議なことに「テナガザル」と誤分類してしまう。これは，たとえ最先端の性能が発揮できる画像分類器であっても同様である。このような摂動を δ_i とすると，δ_i は，任意の i 個目の入力データ $x_i \in \mathbb{R}^d$ とそれに対する教師ラベル y_i に対して，以下のように損失関数 $\mathcal{L}(\cdot)$ で計算した損失を大きくする入力データの変化量として求めることができる。

$$\max_{\|\delta_i\|_p \leq \epsilon} \mathcal{L}(f(x_i + \delta_i; \theta), y_i) \tag{1}$$

ここで，f は θ を重みパラメータにもつモデルであり，ϵ は摂動許容範囲を表している。したがって，$\|\delta_i\|_p \leq \epsilon$ は，任意のノルム空間[3] において ϵ よりも小さい変化を与える摂動を求めることを意味している。

[3] $p = \{1, 2, \infty\}$ がよく用いられる。また，この空間は L_p-ball や，ϵ-ball, ϵ-budget などと呼ばれることが多い。

[4] これらの攻撃のほかにグレーボックス攻撃というものも存在するが，あまりメジャーではない。

　摂動を求める方法は，ホワイトボックス攻撃（white-box attack）と，ブラックボックス攻撃（black-box attack）の 2 つに分類できる[4]。ホワイトボックス攻撃は，学習データやモデルの種類などの攻撃対象の情報がすべて開示されているモデルに対する攻撃を指し，ブラックボックス攻撃は，攻撃対象の情報がすべて未知なモデルに対する攻撃を指す。実社会でモデルの情報が開示されることは稀なため，ブラックボックス攻撃はより実用化を想定した攻撃といえる。しかし，現在のブラックボックス攻撃の攻撃力は，ホワイトボックス攻撃ほど高くない。以下の項では，ホワイトボックス攻撃に着目して代表的な手法を解説する。

 +0.007 × 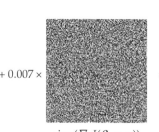 =

x $\qquad$ $\text{sign}(\nabla_x J(\theta, x, y))$ $\qquad$ $x + \epsilon \cdot \text{sign}(\nabla_x J(\theta, x, y))$

パンダ $\qquad\qquad$ 線虫 $\qquad\qquad$ テナガザル

信頼度：57.7% $\qquad$ 信頼度：8.2% $\qquad$ 信頼度：99.3%

図 1　AEs の作成と，どのように騙されるかの例。「パンダ」の画像に「線虫」と分類される微小な変化を加えることで「テナガザル」と誤分類されている。図は [17] より引用し翻訳。

1.1 殿堂入りの攻撃

本項では，最低限知っておきたい非常に代表的な攻撃手法，すなわち摂動の求め方を，「1 ステップ」と「マルチステップ」に分類して紹介する。

1 ステップで摂動を求める

FGSM（fast gradient sign method; 高速勾配符号法[5]）[17] は最も有名であり，図 1 を世界に発信して敵対的攻撃に火をつけた手法である。FGSM は入力画像 x_i に対する損失を，入力画像の各画素に関して微分して得た勾配方向に ϵ を乗じることで，摂動を求める。そして，式 (2) のように元画像に加算することで AEs を作成する。

$$\hat{x}_i = x_i + \epsilon \cdot \mathrm{sign}\left(\nabla_{x_i}\mathcal{L}(f(x_i; \boldsymbol{\theta}), y_i)\right) \tag{2}$$

ここで，$\mathrm{sign}(\cdot)$ は求めた勾配から符号を抜き出す符号関数を表している。このような摂動の求め方は，一般に非標的攻撃（untargeted attack）と呼ばれており，どのクラスに誤分類するかを考慮していない。一方，標的クラス $y_i' \neq y_i$ を設定し，摂動を元画像から減算して特定クラスの誤分類を起こさせる AEs の作成も可能である。これを一般に，標的攻撃（targeted attack）と呼ぶ。

マルチステップで摂動を求める

PGD（projected gradient descent; 投影勾配降下法）[18] は，言わずと知れたデファクトスタンダードな攻撃手法である[6]。PGD は摂動許容範囲 ϵ よりも小さい移動量 α を用いて，空間内を反復的に探索することで，FGSM よりも強い摂動を求めることができる。PGD は以下の式で表すことができる。

$$\hat{x}_i^{(t+1)} = \Pi_{\mathcal{B}[x_i^{(0)}]}\left(\hat{x}_i^{(t)} + \alpha \cdot \mathrm{sign}\left(\nabla_{\hat{x}_i^{(t)}}\mathcal{L}(f(\hat{x}_i^{(t)}; \boldsymbol{\theta}), y_i)\right)\right) \tag{3}$$

ここで，$\mathcal{X}$ をデータ集合とすると，$\mathcal{B}[x_i] = \{\hat{x}_i \in \mathcal{X} \mid \|x_i - \hat{x}_i\|_p \leq \epsilon\}$ である。したがって，$\Pi_{\mathcal{B}[x_i^{(0)}]}$ は $x_i^{(0)}$ を中心としたノルム空間から外れた値を空間内に引き戻す関数である。

PGD に匹敵するほど有名な攻撃が Carlini と Wagner によって提案された攻撃 "CW" [20] である。CW はモデルの勾配情報なしで摂動に対して最適化問題を解くことで，最小の画像の変化にもかかわらず非常に強い攻撃が可能である[7]。CW の出現前に圧倒的な防御性能を発揮していた Defensive Distillation [16] が CW に大敗したことは有名である。

そして近年，最も有力な攻撃として名を馳せている手法が，2020 年に Croce と Hein が提案した AA（auto attack; オートアタック）[21] である。AA は APGD-CE（auto-PGD cross entropy; クロスエントロピー誤差を用いたオート

[5] ここ以降，提示する各種手法に和訳を付与したが，意味をとりやすくすることを意図したものであり，必ずしも流通している対訳ではないことに留意されたい。

[6] Kurakin らが類似した手法 [19] を先に提案しているが，PGD のほうが注目された。

[7] 最適化に途方もない時間が必要なため，通常は CW の損失関数を用いた PGD による攻撃で頑健性を評価する。

PGD），APGD-DLR（auto-PGD difference of logits ratio; ロジット比の差を用いたオート PGD），FAB（fast adaptive boundary attack; 高速適応境界攻撃）[22]，Square Attack [23] という，異なる特徴をもつ 4 手法をアンサンブルすることで，モデルの適切な評価を可能としている。AA の攻撃手順は，前の攻撃で騙されなかったサンプルを次の攻撃に回して推論データを篩にかけるイメージである。近年の敵対的防御において，AA との比較実験は必要事項となりつつある。

1.2　その他の攻撃

FGSM を拡張した手法として，FGVM（fast gradient value method; 高速勾配値法）[24] が提案されている。FGVM は各画素の勾配を元画像に直接加算することで，背景に対する摂動の加算をなるべく抑えて，分類対象のみに変動を加えることができる。

PGD の拡張としては，慣性項を導入した MI-FGSM（momentum iterative FGSM; モーメント項付き反復 FGSM）[25] や幾何変化を施した多様な画像によって摂動を求める Diverse Inputs I-FGSM [26] や，適切な初期方向を求めることに着目した GAMA（guided adversarial margin attack; ガイド付き敵対的マージン攻撃）[27] や複数標的攻撃（multiple targeted attack）[28] など，数多くの手法が提案されている。

さらに，各画像ではなくスーパーピクセル[8] に対して摂動を求める手法 [29] や，任意の領域のみに対するパッチベースの攻撃 [30] に加え，もはや PGD の考え方すら用いない，差分進化法を用いた 1 ピクセルに対する攻撃手法 [31] や，1 つの摂動によってあらゆるデータの誤分類を起こせる UAP（universal adversarial perturbation; ユニバーサル敵対的摂動）[32] も提案されている。

その他，ここに書ききれない数多くの攻撃手法が日々提案されているが，本題を外れてしまうため，それらについては文献 [33] を参照されたい。

2　モデルを頑健にするための学習

敵対的学習 [17, 18] は，学習中に AEs を求めながら，その AEs を誤分類しないようにモデルの重みパラメータを更新することで，敵対的攻撃に対する頑健性を向上させる。敵対的学習が行っていること自体は非常にシンプルであるが，学習中に学習データとそのデータに対する AEs の 2 種類を扱うため，少々頭が混乱すると思われる。そこで，重要なポイントや誤解が生じやすいポイントを，詳細に入る前に列挙する。

[8] ローレベルの性質や色が類似している画素をひとまとまりとして捉えたもの。

- 基本的に，モデルの重みパラメータは AEs のみで更新する。つまり，学習データはパラメータ更新に関与しない。
- うまく分類できるモデルかどうかにかかわらず，学習初期から敵対的学習をする。
- 学習データに対する AEs を事前に用意するのではなく，学習しながら現在のモデルにおける AEs[9] を定義して学習する。
- AEs を求めるときは，勾配が更新されないように重みパラメータを固定する。

　敵対的学習の学習プロセスは，図 2 に示すように，AEs の作成と，モデルのパラメータ更新の 2 つの工程に分けることができる。AEs の作成は，入力データ x_i と，それに対する教師ラベル y_i のペア集合 $\mathcal{D}$ を想定したときに，教師ラベルとの誤差が最大になる摂動 δ_i を求めることから，内側の最大化（inner-maximization）と呼ばれる。一方，パラメータ更新は，先ほど求めた摂動 δ_i

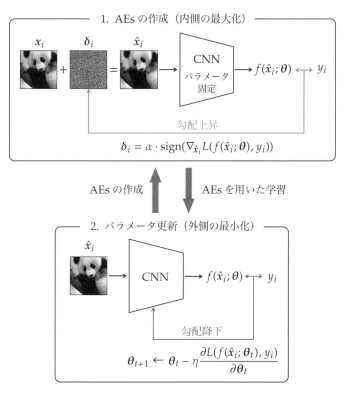

図 2　敵対的学習の流れ。このループを任意の回数行うことで，AEs を正確に分類できるモデルを獲得する。摂動 δ_i の初期値は，各画素に対して一様分布 $U[-\epsilon, \epsilon]$ に従う乱数を使うことが多い。

を加算した AEs をモデルに与えたときの出力値と教師ラベル y_i の損失が最小となるように，モデルの重みパラメータを更新することから，外側の最小化（outer-minimization）と呼ばれる。ここまでの流れは，以下の式 (4) によって表すことができる。

$$\min_{\boldsymbol{\theta}} \mathbb{E}_{(x_i, y_i) \sim \mathcal{D}} \Bigg[\underbrace{\max_{\|\delta_i\|_p \leq \epsilon} \mathcal{L}(f(\boldsymbol{x}_i + \boldsymbol{\delta}_i; \boldsymbol{\theta}), y_i)}_{\text{内側の最大化}} \Bigg] \tag{4}$$

$$\underbrace{\phantom{\min_{\boldsymbol{\theta}} \mathbb{E}_{(x_i, y_i) \sim \mathcal{D}} \Bigg[\max_{\|\delta_i\|_p \leq \epsilon} \mathcal{L}(f(\boldsymbol{x}_i + \boldsymbol{\delta}_i; \boldsymbol{\theta}), y_i) \Bigg]}}_{\text{外側の最小化}}$$

この式のように，損失の最大化問題と最小化問題の 2 つを同時に扱うことが，敵対的（adversarial）と呼ばれる所以である。

　敵対的学習という枠組み自体は，画像分類に限定しなければ，実はニューラルネットワークや深層学習が流行する以前に提案されているテクニックである [34, 35]。これらのアイデアをもとに，Goodfellow ら [17] が 2015 年にニューラルネットワークにおける敵対的学習を実現した。この研究では，FGSM で求めた AEs と，その元画像である学習データ[10] の双方に対するクラス分類誤差を計算して，最小化問題を解く。Goodfellow らの後続研究として，PGD で求めた AEs を学習するアプローチ [18] が提案されており，初めて深層学習における敵対的学習の有効性が示された。Madry らの敵対的学習 [18] は AEs のみでモデルを訓練しており，この研究以降，通常サンプルを使用しない学習方法が主流になった。

　敵対的学習は敵対的防御の中でも非常に高い頑健性が得られる反面，AEs に対する過適合を招くことや，通常サンプルに対する分類精度を著しく劣化させることが知られている。この問題を解消するために，さまざまなアプローチが提案されており，またこの現象を理論的に解説した論文も数多く存在している。

2.1　学習中の AEs の求め方の発展

　通常の敵対的学習における内側の最大化では，学習初期から PGD を用いた強い攻撃によって AEs を求める。CAT（curriculum adversarial training; カリキュラム敵対的学習）[36] は，このような AEs が破滅的忘却を引き起こすと考えて，カリキュラムラーニング [37] を取り入れることで問題の緩和を試みた手法である。CAT は，学習初期に弱い AEs を学習し，モデルが AEs を高い精度で分類できたタイミングで摂動範囲を広げることで，学習終盤に向かって徐々に強い AEs を学習する。

　PGD を用いた通常の攻撃は，AEs に対する事後確率と教師ラベルの損失が最大になることのみを考えているため，求めた AEs が必ず誤分類している保証

10) これ以降，摂動が付与されていないデータのことを通常サンプルと呼ぶことにする。

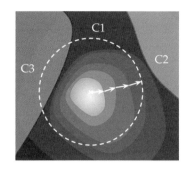

図 3　誤分類する摂動がうまく求められない例。C1 は正解クラス，C2 と C3 が不正解クラスを表しており，破線は最大摂動許容範囲である ℓ_p-ball を表している。図は [27] より引用。

がない。したがって，図 3 に示すような現象がしばしば生じる。GAT（guided adversarial training; ガイド付き敵対的学習）[27] は，クロスエントロピーに $\|f(\hat{x}_i; \boldsymbol{\theta}) - f(x_i; \boldsymbol{\theta})\|_2^2$ を加えることで，初期方向を適切に求めた AEs を用いて学習する。GAT は従来法より適切な初期方向を与えるため，FGSM のように 1 ステップで求めた AEs であっても，優れた頑健性が獲得できることが示された。

　FGSM などの 1 ステップで求めた AEs を学習に用いる敵対的学習では，ラベル漏れ（label leaking）[11] が生じるとされている [38]。一般に，Madry ら [18] のように PGD によって求めた AEs を学習することで，この問題を予防することが可能となる一方，学習時間が増加することが欠点として挙げられる。Zhang と Wang は，教師ラベルとの損失を最大化する代わりに，通常サンプルと AEs の潜在空間の最適輸送距離（optimal transportation distance）を最大化することで AEs を求める FS-AT（feature scattering-based adversarial training; 特徴量散布型の敵対的学習）[39] を提案した。FS-AT はあらゆる攻撃に対して，従来法より著しい性能の向上を達成した。

　Lee ら [40] は，敵対的学習を行ったモデルが推論データに汎化しない原因である AFO（adversarial feature overfitting; 敵対的特徴量過適合）[12] を明らかにして，AFO を解決するための AVmixup（adversarial vertex mixup; 敵対的頂点ミックスアップ）を提案した。AVmixup は，図 4 (a) に示すように，摂動 $\boldsymbol{\delta}_i$ を任意の係数 γ 倍した敵対的頂点（adversarial vertex）$x_i^{(\mathrm{av})}$ と，元画像 x_i を mixup [41] した画像を学習に使用する。また，学習時の教師ラベルは，図 4 (b) に示すように，ラベル平滑化（label smoothing）[42] を適用したものを使用する。AVmixup では，敵対的頂点を上限値として仮想的に生み出した AEs を学習するため，AEs に対する過適合と通常サンプルの精度劣化を抑制できる，シンプルで効果的な手法である。

[11] 学習済みモデルを評価したときに，敵対的攻撃に対する性能が，通常サンプルに対する性能を上回ること。具体的には，モデルの重みパラメータは固定されているため，同じ教師ラベルをもつ画像に関して類似した勾配が求められ，したがって，摂動に教師ラベルの情報が含まれてしまい，このような現象が生じる。

[12] 敵対的学習によって，モデルの重みパラメータが限りなく 0 に近づいてしまう現象。

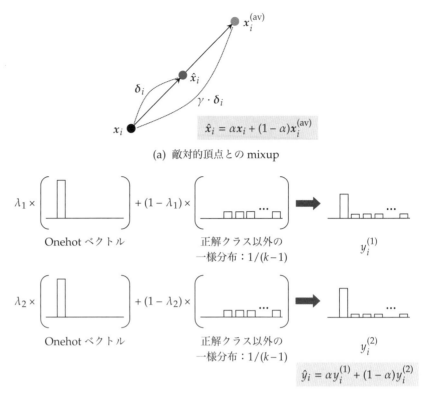

(a) 敵対的頂点との mixup

$$\hat{x}_i = \alpha x_i + (1-\alpha)x_i^{(av)}$$

(b) ラベル平滑化と教師ラベルの作成

図4 AVmixup におけるデータとラベル作成の例。δ_i は PGD によって求めた敵対的摂動，$\hat{x}_i$ は元画像 x_i に δ_i を加算した AEs を表している。また，λ_1, λ_2 はラベル平滑化のためのハイパーパラメータ，k はクラス数，α はベータ分布からサンプリングした内挿比を表している。通常のラベル平滑化とは異なり，正解クラス以外に均等な確率を割り当てた一様分布により平滑化する。

2.2　識別境界に着目した敵対的学習

本項では，識別境界に着目して学習を行う手法をさらに細かく分類して，それぞれの手法について述べる。

モデル出力に対する正則化を追加した手法

通常サンプルと AEs の違いは摂動の有無であり，同じような特徴や事後分布を出力することが理想的である。つまり，AEs は通常サンプルの出力値を上限値として学習すべきである。しかしながら，通常の敵対的学習は AEs に対する損失のみを最小化するため，このような考え方が組み込まれていない。図5の (a) ALP (adversarial logit pairing; 敵対的ロジットペアリング) [43] と (b) TRADES (tradeoff-inspired adversarial defense via surrogate-loss minimization; サロ

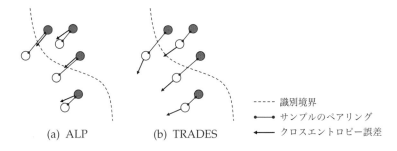

(a) ALP	(b) TRADES

----- 識別境界
●—● サンプルのペアリング
◀—— クロスエントロピー誤差

図5 ALPとTRADESの概念図。白点と灰色点は，それぞれ通常サンプルと AEs を表している。ALP はロジットをペアリングしつつ，AEs に対してクロスエントロピー誤差を計算する。一方，TRADES は事後分布を近づけつつ，通常サンプルに対するクロスエントロピー誤差を計算する。

ゲートロス最小化によるトレードオフを考慮した敵対的防御）[45] は，この問題の解決を試みた手法である。

ALP [43] は，通常サンプルと，それに対応する AEs のロジットの距離を L2 ノルムで計算して，AEs に対するクロスエントロピー誤差とともに最小化する手法である。ALP は通常サンプルのロジットを上限値として，AEs を正しく分類できるように学習するため，通常サンプルの精度劣化を緩和することができる。しかしながら，後に Engstrom ら [44] によって，ALP は効果が薄く，図6 のように，ALP で学習したモデルは入力データ付近ででこぼこした誤差曲面を引き起こすことが示された。

TRADES は ALP と異なり，AEs のロジットに Softmax 関数を適用した事後分布が通常サンプルの事後分布に一致するよう，KL ダイバージェンスによる

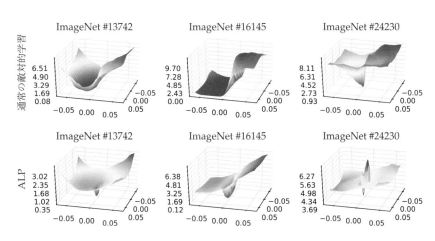

図6 通常の敵対的学習と ALP によって学習したモデルの誤差曲面の比較。図は [44] より引用し翻訳。

分布間類似度計算を追加した手法である。TRADES は，AEs ではなく通常サンプルに対してクロスエントロピー誤差を計算することで，通常サンプルに対する性能劣化を緩和した。さらに，学習中の AEs は，クロスエントロピー誤差の最大化ではなく，以下の式 (5) に示すように，通常サンプルと AEs の事後分布が乖離するように KL ダイバージェンスを最大化することで求める。

$$\delta_i = \underset{\|\delta_i\|_p \le \epsilon}{\arg\max} D_{\mathrm{KL}}[p(\boldsymbol{x}_i)\|p(\hat{\boldsymbol{x}}_i)] \tag{5}$$

ここで，$D_{\mathrm{KL}}[a\|b]$ は KL ダイバージェンスを用いた 2 つの分布間の類似度計算を表している。

誤分類したサンプルを考慮した手法

　上述した敵対的学習は，すべての学習データに対して AEs を求めてモデルを更新する。しかしながら，通常サンプルの状態で誤分類しているデータはうまく AEs が求められず，学習に有効なデータにならないばかりか，むしろ頑健性を劣化させる傾向がある。

　Ding ら [46] は，うまく AEs が定義できるサンプルのみに対して入力データと識別境界のマージンを最大化する MMA Training（max-margin adversarial training; 最大マージン敵対的学習）を提案した[13]。Ding らは，まず，固定値の摂動許容範囲 ϵ で求めた AEs が入力データと境界のマージンを広げることは保証できない（図 7 (c), (d) 参照）ことを示した。そして，これをモチベーションとして，MMA では固定値の代わりに，攻撃が成功する最小のマージン，つまり識別境界を学習中に求めて，その範囲で定義した AEs を用いて学習する。このとき，通常サンプルの状態で誤分類しているものは，通常サンプルに対して損失計算する[14]。

　Wang ら [48] は，図 8 (c) に示すように，摂動がない状態で誤分類が生じたサンプル集合 S^- に限定して TRADES の正則化を適用すると，モデルの頑健性が向上することを実験的に示し，MART（misclassification aware adversarial training; 誤分類を意識した敵対的学習）を提案した。MART は式 (6) のように，誤分類していると考えられるサンプル，つまり正解クラス確率が低いサンプルほど KL ダイバージェンスの影響を強くして学習する。

$$L := \mathrm{BCE}(p(\hat{\boldsymbol{x}}_i; \boldsymbol{\theta}), y_i) + \lambda \cdot D_{\mathrm{KL}}[p(\boldsymbol{x}_i; \boldsymbol{\theta})\|p(\hat{\boldsymbol{x}}_i; \boldsymbol{\theta})] \cdot (1 - p_{y_i}(\boldsymbol{x}_i; \boldsymbol{\theta})) \tag{6}$$

ここで，$p_{y_i}(\boldsymbol{x}_i; \boldsymbol{\theta})$ は $\boldsymbol{x}_i$ の正解クラス確率を表している。また，MART ではクロスエントロピー誤差の代わりに，式 (7) の BCE（boosted cross entropy）が使用されている。

[13] 同じようなアプローチ [47] が同年の ICLR に投稿されたが取り下げられている。

[14] 誤分類しているということは，入力データ周辺に正解を保証できる領域がないため，明らかにマージンは 0 である。したがって，$\epsilon = 0$ となり，摂動が求められない。

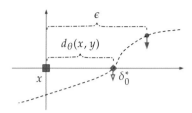

(a) 更新前

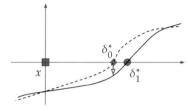

(b)「攻撃に成功した最小摂動」の地点に
おいて更新すると，マージンが増加する

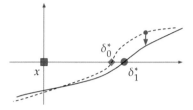

(c) 固定値 ϵ で更新すると，
マージンが増加する（ケース 1）

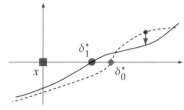

(d) 固定値 ϵ で更新すると，
マージンが減少する（ケース 2）

---- パラメータ更新前の損失関数 $L(\cdot, \theta_0)$
—— パラメータ更新後の損失関数 $L(\cdot, \theta_1)$
■ オリジナルデータ点 x
◆ 損失関数更新前の攻撃に成功した最小摂動 δ_0^*
● 損失関数更新後の攻撃に成功した最小摂動 δ_1^*

↕ 攻撃に成功した最小摂動 δ_0^*
における更新
↕ 固定値 ϵ における更新

図 7　異なる位置で損失を減少させることがマージンにどう影響するかを示した 1 次元データの例。$d_\theta(x, y)$ は，入力データから，攻撃が成功する最小の AEs までのマージンを表している。(a) はパラメータ更新前，(b)〜(d) はすべて更新後のマージンと損失の関係を表している。また，(b) は「攻撃に成功した最小摂動」によってパラメータ更新したあとを表している。(c) と (d) は固定値 ϵ の摂動でパラメータ更新した結果である。図は [46] より引用し翻訳。

$$\mathrm{BCE}(p(\hat{x}_i; \boldsymbol{\theta}), y_i) = -\log(p_{y_i}(\hat{x}_i; \boldsymbol{\theta})) - \log\left(1 - \max_{k \neq y_i} p_k(\hat{x}_i; \boldsymbol{\theta})\right) \tag{7}$$

式 (7) の右辺第 1 項は通常のクロスエントロピー，第 2 項は隣接クラスとのマージンを表している。

モデルの設計や損失関数を改良した手法

　敵対的摂動は入力データに微小な変化を与えるため，識別境界付近のデータはいとも簡単に分類結果が変わってしまう。通常の敵対的学習では，識別境界とのマージンが考慮されないため，MMA は出力空間におけるマージンを最大化して優れた頑健性を達成した。一方，出力空間ではなく CNN の特徴空間に対して同様のアプローチを行った手法もいくつか提案されている。

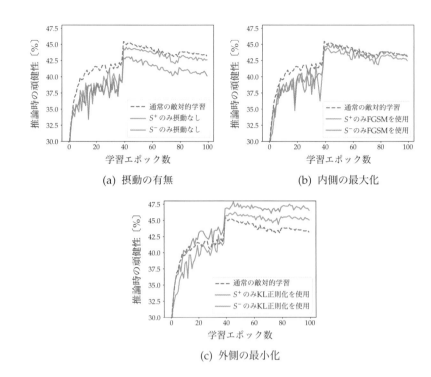

(a) 摂動の有無   (b) 内側の最大化

(c) 外側の最小化

図8　摂動がない状態の分類結果に応じて異なる処理をすると，モデルの頑健性
にどのような影響を与えるかを示した例。S^+ と S^- はそれぞれ，摂動がない状態
で正しく分類できたサンプル集合と誤分類したサンプル集合を表している。(a)
〜(c) はそれぞれ，(a) AEs を求めるサンプルを限定したときの学習曲線，(b) 内
側の最大化で一部のサンプルにのみ FGSM を適用したときの学習曲線，(c) KL
正則化を適用するサンプルを限定したときの学習曲線を表している。図は [48]
より引用し翻訳。

　文献 [17] において，放射基底関数（radial basis function; RBF）ネットワー
クが敵対的攻撃に有効に振る舞うことが示された。一般に，敵対的攻撃に脆弱
なニューラルネットワークでは，高次元空間で線形性が顕著になるため，識別
境界に近いサンプルが簡単に誤分類されるといわれている [17, 49, 50, 51]。RBF
ネットワークは非線形性を増幅できる一方，計算的に求めるパラメータが多い
ため，CNN への適用が難しいとされてきた。

　Taghanaki ら [52] は，RBF ユニットの全パラメータを学習可能なパラメータ
としてモデルを設計することで，CNN への適用を可能とした。さらに，モデル
の柔軟性を向上させる目的で，Taghanaki らはユークリッド距離を用いた RBF
ユニットをマハラノビス距離を用いたものに置き換えている。この手法は，3 層
程度の CNN において敵対的学習なしでも優れた性能を達成できるが，多層に
なるにつれて計算コストの増加とともに，学習も難しくなるため，解消すべき
課題は多い。

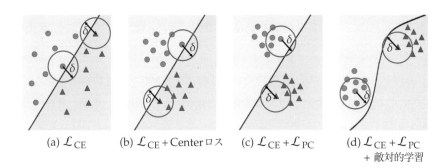

(a) $\mathcal{L}_{CE}$　(b) $\mathcal{L}_{CE}$ + Center ロス　(c) $\mathcal{L}_{CE}$ + $\mathcal{L}_{PC}$　(d) $\mathcal{L}_{CE}$ + $\mathcal{L}_{PC}$
+ 敵対的学習

図 9　損失関数と特徴空間の概念図。$\mathcal{L}_{CE}$ と $\mathcal{L}_{PC}$ は，それぞれクロスエントロピー誤差と PC ロスである。(a) はクロスエントロピー誤差のみで，(b) はクロスエントロピー誤差と Center ロスで学習した特徴空間を表している。(c) と (d) はそれぞれ，クロスエントロピー誤差と PC ロスによって学習された特徴空間であり，(d) は敵対的学習が適用されている。図は [53] より引用し翻訳。

　クロスエントロピー誤差を用いて学習したモデルの特徴空間は，単に教師ラベルに近づくことだけを考えているため，図 9 (a) のように境界付近にサンプルが位置する可能性が高い。また，同じクラスの特徴量をクラス重心付近に集める Center ロス [54] を使用したモデルも同様である（図 9 (b)）。PC ロス（prototype conformity loss）[53] は，任意の特徴空間を Center ロスの効果でクラス重心に集めつつ，異なるクラスの重心とは離れるように設計された損失関数である。クラス重心はクラスごとに学習可能なパラメータとして用意して，ミニバッチ内のサンプルと不正解クラス重心の距離が離れるように更新する[15]。

　GCE（guided complement entropy; ガイド付き補完エントロピー）[55] は，COT（complement objective training; 補完目的学習）[56] 同様，任意のサンプルを正しく分類しつつ，不正解クラスの確率を均（なら）すように不正解クラスのエントロピーを最大化する。COT は正解クラス確率の高い・低いにかかわらず，すべてのサンプル一律に不正解クラスを平坦にするため，マージンが広がらない可能性がある。GCE は，各サンプルの正解クラス確率をガイドとして不正解クラスの確率を平坦にすることで，Madry らの敵対的学習より高い性能を獲得した[16]。

　PC ロスや Taghanaki らの手法は，モデルの構造変更が必要である点，および敵対的学習以外での計算コストがかさむことから拡張性の観点で劣っている。これらのような効果をモデル出力のみで実現した手法が，PC-LC（probabilistically compact with logit constraint; ロジット制約付き確率的にコンパクト）[57] である。PC-LC はクロスエントロピー誤差ではなく，以下に示すヒンジ誤差によってうまく分類できるように学習を進める。

[15] 正解クラスの重心との距離は，Center ロス同様に近づくように学習する。

[16] GCE は敵対的学習なしでも有意性を示しているが，性能はあまりにも低すぎる。

$$\ell_{\text{hinge}} = \max(0, p_{j \neq y_i}(\hat{\boldsymbol{x}}_i; \boldsymbol{\theta}) + \xi - p_{y_i}(\hat{\boldsymbol{x}}_i; \boldsymbol{\theta})) \tag{8}$$

$p_{y_i}(\hat{\boldsymbol{x}}_i; \boldsymbol{\theta})$ は入力データの正解クラス確率，$p_{j \neq y_i}(\hat{\boldsymbol{x}}_i; \boldsymbol{\theta})$ は正解クラス以外の確率を表している。したがって，識別境界を正解クラス方向に ξ だけ移動させることで，$\xi + (1/k)$ 以下のサンプルは不正解と見なされる[17] ため，学習が進むにつれて正解クラスの中心付近にサンプルを集めることができる。さらに，正解クラスと隣接クラスのロジットに対して，$z_{y_i}(\hat{\boldsymbol{x}}_i; \boldsymbol{\theta}) - z_{j \neq y_i}(\hat{\boldsymbol{x}}_i; \boldsymbol{\theta}) > 0$ を要請することで，クラスが交わることを防止している。

[17] たとえば，2 クラス分類の場合，0.5＋ξ 以下のサンプルは不正解と見なす。

各サンプルの重要度をもとに損失値へ重み付けする手法

これまでに述べた手法では，識別境界とのマージンを離す損失関数を追加することで，AEs に対する過適合を抑えつつ優れた頑健性を獲得している。一方，ここで述べる手法は，モデル更新に使用する損失関数はクロスエントロピー誤差のままで，サンプルと境界の位置関係によって重要度を定めて損失へ重み付けする。したがって，重み定義関数を $\omega(\boldsymbol{x}, y)$ とすると，以下の最適化式を解くことになる。

$$\min_{\boldsymbol{\theta}} \mathbb{E}_{(x_i, y_i) \sim \mathcal{D}} \left[\omega(x_i + \delta_i, y_i) \max_{\|\delta_i\|_p \leq \epsilon} \mathcal{L}(f(x_i + \delta_i; \boldsymbol{\theta}), y_i) \right] \tag{9}$$

GAIRAT（geometry-aware instance-reweighted adversarial training; ジオメトリーを考慮したインスタンス再重み付け敵対的学習）[58] は，図 10 (a) のように，最小 PGD ステップ数（least PGD steps; LPS)[18] をもとに境界との近さを定義する。つまり，少ない回数で騙されたものほど攻撃のリスクが高く（攻撃可能なサンプル），最大回数以内で騙されないサンプルほど攻撃のリスクが低

[18] 敵対的学習中に PGD 攻撃で摂動を作成するときに，最初に誤分類が生じたステップ数のこと。

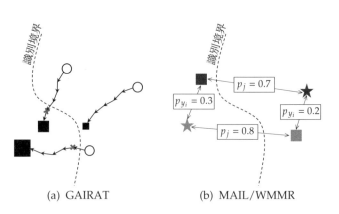

(a) GAIRAT　　　(b) MAIL/WMMR

図 10　GAIRAT と MAIL/WMMR における識別境界との近さの定義の違い。(a) の赤い×印は誤分類が生じた地点を表している。(b) の p_{y_i} は正解クラス確率，p_j は正解クラスを除いた最大の確率を表している。

い（攻撃困難なサンプル）と捉えることができる。GAIRAT の重み関数は，最大攻撃回数を K，LPS を $\kappa(x, y)$ としたとき，以下のように定義される。

$$\omega(x_i, y_i) = \frac{(1 - \tanh(\lambda + 5 \times (1 - 2 \times \kappa(x_i, y_i)/K)))}{2} \tag{10}$$

λ はハイパーパラメータを表しており，$\lambda = \infty$ で通常の敵対的学習と等しくなる。

　GAIRAT は PGD 攻撃の回数に依存して重要度を決定するため，離散的な重み定義であり，各サンプルの重要度を正確に表現できたとはいいがたい。WMMR（weighted minimax risk; 重み付き最大最小リスク）[59] や MAIL（margin-aware instance reweighting learning; マージン意識型インスタンス重み付き学習）[60] は，以下の式 (11) のように，AEs を入力したときの正解クラスと隣接クラスとの確率の差から境界とのマージンを求めることで，重要度を連続的に表現した[19]。

$$m(x_i, y_i) = \arg\max_{j \neq y_i} p_j(x; \theta) - p_{y_i}(x; \theta) \tag{11}$$

式 (11) によって求められるマージンは，$m(x_i, y_i) < 0$ のとき正しく分類できるサンプル，$m(x_i, y_i) = 0$ のとき境界上のサンプル，$m(x_i, y_i) > 0$ のとき不正解サンプルを表している。

　WMMR と MAIL のモチベーションはどちらも同じであるが，決定的に異なる点は重み定義関数の設計である。WMMR は式 (12) によって $(0, +\infty)$ の重みを定義する一方，MAIL は式 (13) のシグモイド関数によって $(0, 1)$ の範囲で重みを定義する。

$$\omega_{\text{WMMR}}(x_i, y_i) = \exp(-\alpha \cdot m(x_i, y_i)) \tag{12}$$

$$\omega_{\text{MAIL}}(x_i, y_i) = \text{sigmoid}(\gamma \cdot (m(x_i, y_i) + \beta)) \tag{13}$$

α, β, γ はすべてハイパーパラメータである。

　GAIRAT は PGD の攻撃をベースにして重み付けされるため，PGD 以外の攻撃に対して脆弱であるといわれている [60, 61, 62]。EWAT（entropy weighted adversarial training; エントロピーで重み付けした敵対的学習）[62] は，入力画像に対するエントロピーを重みとして使用することで，PGD 以外の攻撃にも頑健なモデルを獲得した。一方，LRAT（local reweighting adversarial training; 局所的な再重み付け敵対的学習）[61] は，各サンプルに対して PGD も含めた複数の攻撃で GAIRAT と同様に重みを定義し，それぞれの重みを考慮して 1 サンプルに対する最終的な重みを定義する。LRAT は，EWAT 同様で PGD 以外の攻撃に対する頑健性が獲得できる反面，複数種類のマルチステップ攻撃を学習中に行うため，計算コストが非常に高いことが欠点である。

19) MAIL では，マージンの計算に通常サンプルを利用した方法や，通常サンプルと AEs の正解クラス確率の差から求める方法も提案されているが，AEs を使用した方法が最も良いことが報告されている [60]。

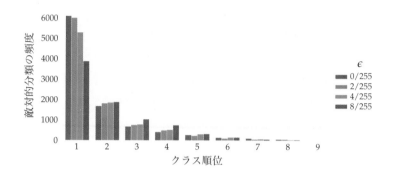

図 11　AEs が誤分類するクラスと通常サンプルを分類したときのクラス順位に関する分析。それぞれの色は摂動許容範囲 ϵ の大きさの違いを表している。横軸，縦軸はそれぞれ，通常サンプル分類時の順位と分類頻度を表している。ϵ が大きくなるにつれて，隣接クラス以外に誤分類するサンプルが増加していることが確認できる。図は [63] より引用し翻訳。

　本項で示した大多数の手法は隣接クラスとの関係性しか着目していないが，Holtz ら [63] は図 11 に示す分析によって，ϵ が大きくなるにつれて隣接クラス以外に誤分類するサンプルが増加することを示した。この結果は，隣接クラスだけではなく，すべてのクラスとのマージンを考慮した重み付けが重要であることを表している。Holtz らはこの結果をもとに，メタ学習 [64] を用いてマルチクラスとのマージンを考慮した，BiLAW（bilevel learnable adversarial reweighting; 双レベルで学習可能な敵対的再重み付け）[63] を提案した。BiLAW は，マルチクラスを考慮した重みを計算的に求めることが困難なため，正解クラスと他のすべてのクラス確率の差を全結合 1 層のネットワークに入力して適切な重みを出力させることで，マルチクラスを考慮した重み付けを実現している。

識別境界付近の AEs を学習する手法

　敵対的学習は本来，通常サンプルと AEs それぞれの性能を同時に向上させるべきである。しかしながら，図 12 上段に示すように，PGD で求めた AEs はステップ数が増加するにつれて識別境界を大きく越えるため，AEs にフィットした識別境界は通常サンプルに対して性能劣化を引き起こす原因となる。FAT（friendly adversarial training; 友好的な敵対的学習）[65] は，これまでの敵対的学習と異なり，式 (14) により，誤分類する AEs の中で最小の損失であるものを求めて学習する。

$$\hat{x}_i = \underset{\hat{x}_i \in \mathcal{B}[x_i]}{\arg\min} L(\hat{x}_i, y_i) \quad \text{s.t.} \ L(\hat{x}_i, y_i) - \min_{j \neq y_i} L(\hat{x}_i, y_j) \geq \rho \tag{14}$$

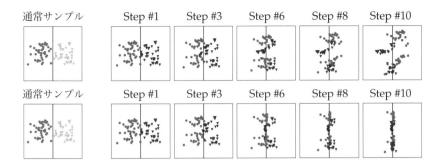

図 12　PGD で求める通常の AEs と FAEs（friendly adversarial examples; 友好的な AEs）における識別境界との関係。上段が PGD で求めた AEs, 下段が FAEs を表している。緑と黄色は通常サンプル, 赤は緑に対する AEs または FAEs, 青は黄色に対する AEs または FAEs を表している。右に進むにつれて, PGD のステップ数が増加しており, AEs は識別境界を大きく越えてしまうことが確認できる。図は [65] より引用し翻訳。

ここで, ρ は誤分類をどの程度許容するかを表すパラメータである。

　最小の誤差の AEs は, 言い換えれば識別境界付近に位置するサンプル[20] を表すため, FAT で学習する AEs は図 12 の下段のように境界を大きく越えることがない。このような AEs によって不適切な識別境界が学習されることを抑制して, 通常サンプルの性能を維持しつつ頑健なモデルを獲得する。

[20] このような AEs を求めるために, FAT では学習中の PGD 攻撃回数より少ないステップ数を設定して攻撃する early-stopped PGD を使用している。

識別境界を継承する手法

　敵対的学習を適用していないモデルは, 図 13 (a) のように, 通常サンプルを正しく分類できる一方, 境界付近のサンプルは AEs によって誤分類することが

  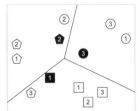

(a) 通常サンプルのみで学習したモデル $\mathcal{M}^{\text{natural}}$ の識別境界

(b) LBGAT を用いて学習したモデル $\mathcal{M}^{\text{robust}}$ の識別境界

(c) 従来の敵対的学習手法を用いて学習したモデルの識別境界

図 13　AEs と識別境界の関係。$\mathcal{M}^{\text{natural}}$ は通常サンプルで学習したモデル, $\mathcal{M}^{\text{robust}}$ は LBGAT を適用したモデルを表す。黄色と黒色はそれぞれ通常サンプルと AEs を表している。実線と (b) 内の破線は, それぞれ各モデルの識別境界と, ガイドにする $\mathcal{M}^{\text{natural}}$ の識別境界を表している。図は [66] より引用し翻訳。

ある。敵対的学習はこのような AEs に合わせて識別境界を獲得するため，図 13 (c) のように，本来正しく分類できるはずだった通常サンプルが異なるクラスに含まれることになり，性能が劣化する。LBGAT（learnable boundary guided adversarial training; 学習可能な境界ガイド付き敵対的学習）[66] は，通常サンプルの識別境界をモデルに継承することで，通常サンプルの性能劣化を緩和し，モデルを頑健にする手法である。LBGAT は通常サンプルのみで学習するモデル $\mathcal{M}^{natural}$ と，AEs のみで学習するモデル $\mathcal{M}^{robust}$ の 2 つを用意して，$\mathcal{M}^{natural}$ の識別境界を $\mathcal{M}^{robust}$ に平均 2 乗誤差（MSE）で蒸留する。このとき，$\mathcal{M}^{natural}$ はクロスエントロピー誤差を用いてクラス分類誤差を計算するのに対し，$\mathcal{M}^{robust}$ は MSE のみで学習する。

2.3 その他の敵対的学習

敵対的学習は，これまでに述べた以上にさまざまな観点から盛んに研究がなされている。すべてを網羅して解説したいが，あまりにもページが足りないため，いくつかを取り上げて概説する。

距離学習（metric learning）という観点でモデルを頑健にする手法として，TLA（triplet loss adversarial training; トリプレットロスを用いた敵対的学習）[67] や AGKD-BML（attention guided knowledge distillation and bi-directional metric learning; アテンションガイド付きの知識蒸留と双方向距離学習）[68] が提案されている。AGKD-BML では，距離学習だけではなく，アテンションマップを蒸留することで，モデルの注視する領域が AEs によって変化しないようにした。

AEs に対する解析もされており，Schmidt ら [51] は「頑健なモデルにするためには，通常の学習よりもさらに複雑で膨大なデータが必要である」ことを示した。これを解決するために，Uesato ら [69] と Carmon ら [70] は教師なし敵対的学習により優れた頑健性を達成した。膨大な教師付きデータを収集することはコストがかさむため，これらのアプローチは非常に有効な手法だといえる。

一方，GIF（guided interpolation framework; ガイド付き補間フレームワーク）[71] は，教師なしデータを収集すること自体もコストがかかると捉え，既存のデータ増幅手法を有効活用して学習に有効なデータを学習中に作成する。GIF では，mixup [41] を使用して，境界付近の攻撃リスクが高いサンプルを意図的に作り出すことで，従来法より頑健性を向上させた。

AEs と通常サンプルで適用するバッチ正規化を分割することで，画像認識の性能を改善した興味深い手法も存在する [72]。一般に，AEs と通常サンプルは異なる分布に従うため，図 14 (a) のように同じバッチ正規化を利用すると認識性能が劣化する。図 14 (b) のようにモデルを設計することで，AEs をデータ増

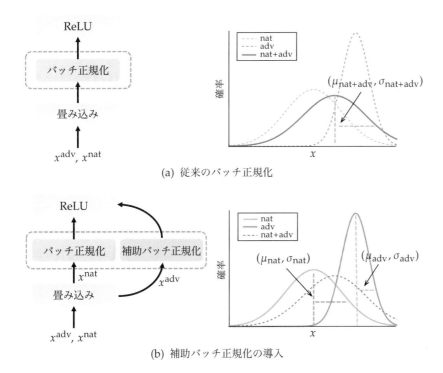

(a) 従来のバッチ正規化

(b) 補助バッチ正規化の導入

図 14　通常サンプルと AEs とで異なるバッチ正規化を適用する例。図中の nat と adv は通常サンプルと AEs を表している。また，μ および σ はそれぞれ分布の平均と分散を表している。図は [72] より引用し翻訳。

幅の 1 つとして捉えることができ，性能が向上する。

　Shafahi ら [73] は，1 サンプルごとに摂動を求めて AEs を作成する代わりに，すべてのサンプルに対して 1 つの摂動を定義して学習する Universal Adversarial Training を提案した。全サンプル共通の摂動を求めることに計算コストを費やすことは本末転倒ではあるが，興味深い研究だといえる。

　MMA や IAAT（instance adaptive adversarial training；インスタンス適応的敵対的学習）の派生手法として，CAT（customized adversarial training；カスタム化した敵対的学習）[74] が提案されている。CAT は MMA や IAAT と同様に，誤分類が生じる最小の摂動許容範囲 ϵ で AEs を求めることに加えて，ϵ を内挿比としてディリクレ分布で発生させた乱数とラベル平滑化した教師ラベルを用いて学習する。CAT は通常サンプルの性能劣化がほぼなく，これまでの手法より頑健性の飛躍的な向上を実現した[21]。

21) 筆者が知る限りでは，PGD攻撃に対する頑健性と通常サンプルの分類性能が，他の手法と比較して最も優れている。しかしながら，性能評価が限定的で，その結果が疑わしい。

3 敵対的学習の課題

敵対的学習はさまざまなアプローチが提案されているが，すべての攻撃に対して頑健で，かつ，通常サンプルの性能が劣化しない手法はいまだに提案されていない。さらに，性能評価という観点では，大規模データセットを使用した例が少ない。これらをはじめとした敵対的学習の課題を簡単に述べる。

3.1 大規模データセットへの適用

敵対的学習は学習中に AEs を求めるため，通常の学習と比較して膨大な時間が必要となる。したがって，ImageNet [75] などの大規模データセットではなく，CIFAR-10 や CIFAR-100 を用いて有効性が示されることが多い。しかしながら，実社会への適用を考えたときには，大規模データセットに対する性能保証が重要であるため，「どのように学習を高速化するか？」が重要な課題となる。

最も単純な高速化は，FGSM のように1ステップで AEs を求めて学習することだが，一般にマルチステップの攻撃に対する頑健性は，さほど改善されないといわれている。さらに，ラベル漏れが生じやすいとされている。この問題に対処するために，効果的な高速化手法が徐々に提案され始めている [76, 77, 78, 79, 80]。これらの手法では，ミニバッチごとに初期値から摂動を求めるのではなく，過去の摂動を再利用することでランダムな地点から勾配を計算するため，FGSMを用いた学習の性能を改善できる。

敵対的学習における計算コストの問題は，徐々に解決され始めているが，まだ 100 クラス分類以上の結果が重要視される傾向はない。これは，10 クラス分類などで著しく性能が向上したとしても，100 クラス分類以上になると顕著な向上はないことが多いためと考えられる。今後の研究によって，この問題が解消され，大規模データセットでの性能評価が主流になることが期待される。

3.2 最適な学習設定は？

敵対的学習界隈では，しばしば論文によって従来手法の実験結果が異なることがある。Pang ら [81] は，このような矛盾が生じる理由と，適切な学習や推論の設定を，体系的な実験によって調査した。Pang らの実験によって，学習回数や重み減衰（weight decay），摂動作成時のバッチ正規化の状態[22] などの違いが推論性能に大きな影響を与えることが特定された。Pang らは CIFAR-10 における公平な実験設定を提案したが，それ以外のデータセットに関してはいまだに適切な設定が不明であり，公平な実験ができていない。

また，データ増幅が頑健性の向上に寄与するかどうかも，論文によって主張が異なる。Rebuffi ら [82] はどのようなデータ増幅が敵対的学習の性能に影響

[22] 学習モードのバッチ正規化は，バッチ内のサンプルに対して平均と分散を計算して正規化し，一方，推論モードのバッチ正規化は学習時に保存した平均と分散を用いて正規化するという違いがある。

するのかを調査した。Rebuffi らは mixup や Cutout [83]，CutMix [84] をはじめとした，あらゆるデータ増幅と頑健性の関係を明らかにして，CutMix が最も優れた性能をもたらすことを特定した。

これは，この分野に限定された問題ではなく，一般的な深層学習を用いた学習においても同様の問題が生じていると感じる。したがって，適切な評価によって手法の優位性を主張するためには学習条件の慎重な選定が必要である。

3.3　結局，なぜ AEs に過適合するのか？

敵対的学習はさまざまなアプローチが提案されている一方で，理論的な証明や実験によって AEs に過適合する原因が追究されている [40, 45, 51, 85, 86]。Tsipras ら [85] は，敵対的学習によって獲得した特徴量は一般的な学習により獲得する特徴量と異なるために，通常サンプルに対する性能差が生じることを，実験により示している。一方，頑健なモデルを得るためには，一般的な学習よりも非常に複雑で膨大な学習データが必要という考え方もある [51]。

最も簡単に AEs の過適合を防ぐ方法として，AEs に対する性能が劣化する前に学習を早期終了（early stopping）することが提案されている [87]。早期終了を用いることで過適合を予防できる反面，通常サンプルの分類精度が著しく劣化することも知られている[23]。また，モデルの重みを指数移動平均して推論することも [88]，過適合を抑制する手段として有効であることが示されている [82]。

しかしながら，決定打となる有効な証明やアプローチはいまだに見つかっていないように感じる。AEs に対して過適合が生じる問題を明らかにして，適切な敵対的学習を提案することが一番の課題であるといえる。

4　まとめ

本稿では，まず AEs がどのようなもので，どのように作られるかを中心に，敵対的攻撃について述べた。次に，近年の敵対的学習に関し，特に識別境界とサンプルのマージンに焦点を置いたアプローチに着目して解説した。そして最後に，現在の敵対的学習における課題を簡単に述べた。

敵対的防御は，敵対的攻撃とイタチごっこであるため，強い防御手法が出現すれば，必ずそれを打ち砕く攻撃手法が現れるはずである。したがって，当分この戦いに終止符は打たれないだろうと感じている。一方，この研究分野がもたらした数多くの結果は，一般的な画像分類や認識と無縁に感じるが，活用方法次第でニューラルネットワークを深く理解することに繋がる重要な研究の 1 つであると，筆者は考えている。

[23] 学習率が減衰して数エポック経過すると，AEs に対する性能は劣化し始める一方で，通常サンプルの精度は向上し続けるため，早期終了を適用すると精度が飽和する前に学習を停止することになる。

本稿が，これから敵対的学習を研究する人のみならず，さまざまな分野の研究者にとって有益なものとなれば幸いである。

参考文献

[1] Kaiming He, Xiangyu Zhang, Shaoqing Ren, and Jian Sun. Deep residual learning for image recognition. In *IEEE Conference on Computer Vision and Pattern Recognition*, pp. 770–778, 2016.

[2] Joseph Redmon, Santosh Divvala, Ross Girshick, and Ali Farhadi. You only look once: Unified, real-time object detection. In *IEEE Conference on Computer Vision and Pattern Recognition*, pp. 779–788, 2016.

[3] Liang-Chieh Chen, Yukun Zhu, George Papandreou, Florian Schroff, and Hartwig Adam. Encoder-decoder with atrous separable convolution for semantic image segmentation. In *European Conference on Computer Vision*, pp. 801–818, 2018.

[4] Tero Karras, Samuli Laine, Miika Aittala, Janne Hellsten, Jaakko Lehtinen, and Timo Aila. Analyzing and improving the image quality of StyleGAN. In *IEEE/CVF Conference on Computer Vision and Pattern Recognition*, pp. 8110–8119, 2020.

[5] Yulun Zhang, Kunpeng Li, Kai Li, Lichen Wang, Bineng Zhong, and Yun Fu. Image super-resolution using very deep residual channel attention networks. In *European Conference on Computer Vision*, pp. 294–310, 2018.

[6] Christian Szegedy, Wojciech Zaremba, Ilya Sutskever, Joan Bruna, Dumitru Erhan, Ian Goodfellow, and Rob Fergus. Intriguing properties of neural networks. In *International Conference on Learning Representations*, pp. 1–10, 2014.

[7] Hossein Hosseini and Radha Poovendran. Semantic adversarial examples. In *IEEE Conference on Computer Vision and Pattern Recognition Workshops*, pp. 1614–1619, 2018.

[8] Ameya Joshi, Amitangshu Mukherjee, Soumik Sarkar, and Chinmay Hegde. Semantic adversarial attacks: Parametric transformations that fool deep classifiers. In *IEEE/CVF International Conference on Computer Vision*, pp. 4772–4782, 2019.

[9] Anand Bhattad, Min J. Chong, Kaizhao Liang, Bo Li, and David A. Forsyth. Unrestricted adversarial examples via semantic manipulation. In *International Conference on Learning Representations*, pp. 1–19, 2020.

[10] Yassine Bakhti, Sid A. Fezza, Wassim Hamidouche, and Olivier Déforges. DDSA: A defense against adversarial attacks using deep denoising sparse autoencoder. *IEEE Access*, Vol. 7, pp. 160397–160407, 2019.

[11] Pouya Samangouei, Maya Kabkab, and Rama Chellappa. Defense-GAN: Protecting classifiers against adversarial attacks using generative models. In *International Conference on Learning Representations*, pp. 1–17, 2018.

[12] Yang Song, Taesup Kim, Sebastian Nowozin, Stefano Ermon, and Nate Kushman. PixelDefend: Leveraging generative models to understand and defend against adversarial examples. In *International Conference on Learning Representations*, pp. 1–20, 2018.

[13] Weilin Xu, David Evans, and Yanjun Qi. Feature squeezing: Detecting adversar-

ial examples in deep neural networks. In *Network and Distributed System Security Symposium*, 2018.

[14] Philip Sperl, Ching-Yu Kao, Peng Chen, and Konstantin Böttinger. DLA: Dense-layer-analysis for adversarial example detection. In *IEEE European Symposium on Security and Privacy*, pp. 198–215, 2020.

[15] Connie Kou, Hwee Kuan Lee, Ee-Chien Chang, and Teck Khim Ng. Enhancing transformation-based defenses against adversarial attacks with a distribution classifier. In *International Conference on Learning Representations*, pp. 1–19, 2020.

[16] Nicolas Papernot, Patrick McDaniel, Xi Wu, Somesh Jha, and Ananthram Swami. Distillation as a defense to adversarial perturbations against deep neural networks. In *IEEE Symposium on Security and Privacy*, pp. 582–597, 2016.

[17] Ian Goodfellow, Jonathon Shlens, and Christian Szegedy. Explaining and harnessing adversarial examples. In *International Conference on Learning Representations*, pp. 1–11, 2015.

[18] Aleksander Madry, Aleksandar Makelov, Ludwig Schmidt, Dimitris Tsipras, and Adrian Vladu. Towards deep learning models resistant to adversarial attacks. In *International Conference on Learning Representations*, pp. 1–23, 2018.

[19] Alexey Kurakin, Ian Goodfellow, and Samy Bengio. Adversarial examples in the physical world. In *International Conference on Learning Representations Workshop*, pp. 1–14, 2017.

[20] Nicholas Carlini and David Wagner. Towards evaluating the robustness of neural networks. In *IEEE Symposium on Security and Privacy*, pp. 39–57, 2017.

[21] Francesco Croce and Matthias Hein. Reliable evaluation of adversarial robustness with an ensemble of diverse parameter-free attacks. In *International Conference on Machine Learning*, Vol. 119, pp. 2206–2216, 2020.

[22] Francesco Croce and Matthias Hein. Minimally distorted adversarial examples with a fast adaptive boundary attack. In *International Conference on Machine Learning*, Vol. 119, pp. 2196–2205, 2020.

[23] Maksym Andriushchenko, Francesco Croce, Nicolas Flammarion, and Matthias Hein. Square Attack: A query-efficient black-box adversarial attack via random search. In *European Conference on Computer Vision*, pp. 484–501, 2020.

[24] Andras Rozsa, Ethan M. Rudd, and Terrance E. Boult. Adversarial diversity and hard positive generation. In *IEEE Conference on Computer Vision and Pattern Recognition Workshops*, pp. 25–32, 2016.

[25] Yinpeng Dong, Fangzhou Liao, Tianyu Pang, Hang Su, Jun Zhu, Xiaolin Hu, and Jianguo Li. Boosting adversarial attacks with momentum. In *IEEE/CVF Conference on Computer Vision and Pattern Recognition*, pp. 9185–9193, 2018.

[26] Cihang Xie, Zhishuai Zhang, Yuyin Zhou, Song Bai, Jianyu Wang, Zhou Ren, and Alan Yuille. Improving transferability of adversarial examples with input diversity. In *IEEE/CVF Conference on Computer Vision and Pattern Recognition*, pp. 2730–2739, 2019.

[27] Gaurang Sriramanan, Sravanti Addepalli, Arya Baburaj, and Radhakrishnan V. Babu.

Guided adversarial attack for evaluating and enhancing adversarial defenses. In *Neural Information Processing Systems*, Vol. 33, pp. 20297–20308, 2020.

[28] Sven Gowal, Jonathan Uesato, Chongli Qin, Po-Sen Huang, Timothy Mann, and Pushmeet Kohli. An alternative surrogate loss for PGD-based adversarial testing. *arXiv preprint arXiv:1910.09338*, 2019.

[29] Xiaoyi Dong, Jiangfan Han, Dongdong Chen, Jiayang Liu, Huanyu Bian, Zehua Ma, Hongsheng Li, Xiaogang Wang, Weiming Zhang, and Nenghai Yu. Robust superpixel-guided attentional adversarial attack. In *IEEE/CVF Conference on Computer Vision and Pattern Recognition*, pp. 12895–12904, 2020.

[30] Yaguan Qian, Jiamin Wang, Bin Wang, Shaoning Zeng, Zhaoquan Gu, Shouling Ji, and Wassim Swaileh. Visually imperceptible adversarial patch attacks on digital images. *arXiv preprint arXiv:2012.00909*, 2020.

[31] Jiawei Su, Danilo V. Vargas, and Kouichi Sakurai. One pixel attack for fooling deep neural networks. *IEEE Transactions on Evolutionary Computation*, Vol. 23, No. 5, pp. 828–841, 2019.

[32] Seyed-Mohsen Moosavi-Dezfooli, Alhussein Fawzi, Omar Fawzi, and Pascal Frossard. Universal adversarial perturbations. In *IEEE Conference on Computer Vision and Pattern Recognition*, pp. 1765–1773, 2017.

[33] Naveed Akhtar, Ajmal Main, Navid Kardan, and Mubarak Shah. Advances in adversarial attacks and defenses in computer vision: A survey. *IEEE Access*, Vol. 9, pp. 155161–155196, 2021.

[34] Nilesh Dalvi, Pedro Domingos, Mausam, Sumit Sanghai, and Deepak Verma. Adversarial classification. In *ACM SIGKDD International Conference on Knowledge Discovery and Data Mining*, pp. 99–108, 2004.

[35] Daniel Lowd and Christopher Meek. Adversarial learning. In *ACM SIGKDD International Conference on Knowledge Discovery and Data Mining*, pp. 641–647, 2005.

[36] Qi-Zhi Cai, Chang Liu, and Dawn Song. Curriculum adversarial training. In *International Joint Conference on Artificial Intelligence*, pp. 3740–3747, 2018.

[37] Yoshua Bengio, Jérôme Louradour, Ronan Collobert, and Jason Weston. Curriculum learning. In *International Conference on Machine Learning*, pp. 41–48, 2009.

[38] Alexey Kurakin, Ian Goodfellow, and Samy Bengio. Adversarial machine learning at scale. In *International Conference on Learning Representations*, pp. 1–17, 2017.

[39] Haichao Zhang and Jianyu Wang. Defense against adversarial attacks using feature scattering-based adversarial training. In *Neural Information Processing Systems*, Vol. 32, pp. 1829–1839, 2019.

[40] Saehyung Lee, Hyungyu Lee, and Sungroh Yoon. Adversarial vertex mixup: Toward better adversarially robust generalization. In *IEEE/CVF Conference on Computer Vision and Pattern Recognition*, pp. 269–278, 2020.

[41] Hongyi Zhang, Moustapha Cisse, Yann N. Dauphin, and David Lopez-Paz. mixup: Beyond empirical risk minimization. In *International Conference on Learning Representations*, pp. 1–13, 2018.

[42] Christian Szegedy, Vincent Vanhoucke, Sergey Ioffe, Jonathon Shlens, and Zbigniew

Wojna. Rethinking the inception architecture for computer vision. In *IEEE Conference on Computer Vision and Pattern Recognition*, pp. 2818–2826, 2016.

[43] Harini Kannan, Alexey Kurakin, and Ian Goodfellow. Adversarial logit pairing. *arXiv preprint arXiv:1803.06373*, 2018.

[44] Logan Engstrom, Andrew Ilyas, and Anish Athalye. Evaluating and understanding the robustness of adversarial logit pairing. *arXiv preprint arXiv:1807.10272*, 2018.

[45] Hongyang Zhang, Yaodong Yu, Jiantao Jiao, Eric Xing, Laurent E. Ghaoui, and Michael Jordan. Theoretically principled trade-off between robustness and accuracy. In *International Conference on Machine Learning*, Vol. 97, pp. 7472–7482, 2019.

[46] Gavin W. Ding, Yash Sharma, Kry Y. C. Lui, and Ruitong Huang. MMA training: Direct input space margin maximization through adversarial training. In *International Conference on Learning Representations*, pp. 1–28, 2020.

[47] Yogesh Balaji, Tom Goldstein, and Judy Hoffman. Instance adaptive adversarial training: Improved accuracy tradeoffs in neural nets. *arXiv preprint arXiv:1910.08051*, 2019.

[48] Yisen Wang, Difan Zou, Jinfeng Yi, James Bailey, Xingjun Ma, and Quanquan Gu. Improving adversarial robustness requires revisiting misclassified examples. In *International Conference on Learning Representations*, pp. 1–14, 2020.

[49] Justin Gilmer, Luke Metz, Fartash Faghri, Samuel S. Schoenholz, Maithra Raghu, Martin Wattenberg, and Ian Goodfellow. Adversarial spheres. *arXiv preprint arXiv:1801.02774*, 2018.

[50] Yan Luo, Xavier Boix, Gemma Roig, Tomaso A. Poggio, and Qi Zhao. Foveation-based mechanisms alleviate adversarial examples. In *International Conference on Learning Representations*, pp. 1–25, 2016.

[51] Ludwig Schmidt, Shibani Santurkar, Dimitris Tsipras, Kunal Talwar, and Aleksander Madry. Adversarially robust generalization requires more data. In *Neural Information Processing Systems*, pp. 5019–5031, 2018.

[52] Saeid A. Taghanaki, Kumar Abhishek, Shekoofeh Azizi, and Ghassan Hamarneh. A kernelized manifold mapping to diminish the effect of adversarial perturbations. In *IEEE/CVF Conference on Computer Vision and Pattern Recognition*, pp. 11340–11349, 2019.

[53] Aamir Mustafa, Salman Khan, Munawar Hayat, Roland Goecke, Jianbing Shen, and Ling Shao. Adversarial defense by restricting the hidden space of deep neural networks. In *IEEE/CVF International Conference on Computer Vision*, pp. 3384–3393, 2019.

[54] Yandong Wen, Kaipeng Zhang, Zhifeng Li, and Yu Qiao. A discriminative feature learning approach for deep face recognition. In *European Conference on Computer Vision*, pp. 499–515, 2016.

[55] Hao-Yun Chen, Jhao-Hong Liang, Shih-Chieh Chang, Jia-Yu Pan, Yu-Ting Chen, Wei Wei, and Da-Cheng Juan. Improving adversarial robustness via guided complement entropy. In *IEEE/CVF International Conference on Computer Vision*, pp. 4880–4888, 2019.

[56] Hao-Yun Chen, Pei-Hsin Wang, Chun-Hao Liu, Shih-Chieh Chang, Jia-Yu Pan, Yu-Ting Chen, Wei Wei, and Da-Cheng Juan. Complement objective training. In *Inter-*

national Conference on Learning Representations, pp. 1–11, 2019.

[57] Xin Li, Xiangrui Li, Deng Pan, and Dongxiao Zhu. Improving adversarial robustness via probabilistically compact loss with logit constraints. In *AAAI Conference on Artificial Intelligence*, Vol. 35, pp. 8482–8490, 2021.

[58] Jingfeng Zhang, Jianing Zhu, Gang Niu, Bo Han, Masashi Sugiyama, and Mohan Kankanhalli. Geometry-aware instance-reweighted adversarial training. In *International Conference on Learning Representations*, pp. 1–29, 2021.

[59] Huimin Zeng, Chen Zhu, Tom Goldstein, and Furong Huang. Are adversarial examples created equal? A learnable weighted minimax risk for robustness under non-uniform attacks. In *AAAI Conference on Artificial Intelligence*, Vol. 35, pp. 10815–10823, 2021.

[60] Qizhou Wang, Feng Liu, Bo Han, Tongliang Liu, Chen Gong, Gang Niu, Mingyuan Zhou, and Masashi Sugiyama. Probabilistic margins for instance reweighting in adversarial training. In *Neural Information Processing Systems*, pp. 1–12, 2021.

[61] Ruize Gao, Feng Liu, Kaiwen Zhou, Gang Niu, Bo Han, and James Cheng. Local reweighting for adversarial training. *arXiv preprint arXiv:2106.15776*, 2021.

[62] Minseon Kim, Jihoon Tack, Jinwoo Shin, and Sung J. Hwang. Entropy weighted adversarial training. In *International Conference on Machine Learning Workshop*, 2021.

[63] Chester Holtz, Tsui-Wei Weng, and Gal Mishne. Learning sample reweighting for adversarial robustness. OpenReview, 2021.

[64] Chelsea Finn, Pieter Abbeel, and Sergey Levine. Model-agnostic meta-learning for fast adaptation of deep networks. In *International Conference on Machine Learning*, Vol. 70, pp. 1126–1135, 2017.

[65] Jingfeng Zhang, Xilie Xu, Bo Han, Gang Niu, Lizhen Cui, Masashi Sugiyama, and Mohan Kankanhalli. Attacks which do not kill training make adversarial learning stronger. In *International Conference on Machine Learning*, Vol. 119, pp. 11278–11287, 2020.

[66] Jiequan Cui, Shu Liu, Liwei Wang, and Jiaya Jia. Learnable boundary guided adversarial training. In *IEEE/CVF International Conference on Computer Vision*, pp. 15721–15730, 2021.

[67] Chengzhi Mao, Ziyuan Zhong, Junfeng Yang, Carl Vondrick, and Baishakhi Ray. Metric learning for adversarial robustness. In *Neural Information Processing Systems*, pp. 478–489, 2019.

[68] Hong Wang, Yuefan Deng, Shinjae Yoo, Haibin Ling, and Yuewei Lin. AGKD-BML: Defense against adversarial attack by attention guided knowledge distillation and bi-directional metric learning. In *IEEE/CVF International Conference on Computer Vision*, pp. 7658–7667, 2021.

[69] Jonathan Uesato, Jean-Baptiste Alayrac, Po-Sen Huang, Robert Stanforth, Alhussein Fawzi, and Pushmeet Kohli. Are labels required for improving adversarial robustness? In *Neural Information Processing Systems*, pp. 12214–12223, 2019.

[70] Yair Carmon, Aditi Raghunathan, Ludwig Schmidt, Percy Liang, and John C. Duchi. Unlabeled data improves adversarial robustness. In *Neural Information Processing*

Systems, pp. 11192–11203, 2019.

[71] Chen Chen, Jingfeng Zhang, Xilie Xu, Tianlei Hu, Gang Niu, Gang Chen, and Masashi Sugiyama. Guided interpolation for adversarial training. *arXiv preprint arXiv:2102.07327*, 2021.

[72] Cihang Xie, Mingxing Tan, Boqing Gong, Jiang Wang, Alan L. Yuille, and Quoc V. Le. Adversarial examples improve image recognition. In *IEEE/CVF Conference on Computer Vision and Pattern Recognition*, pp. 819–828, 2020.

[73] Ali Shafahi, Mahyar Najibi, Zheng Xu, John Dickerson, Larry S. Davis, and Tom Goldstein. Universal adversarial training. In *AAAI Conference on Artificial Intelligence*, Vol. 34, pp. 5636–5643, 2020.

[74] Minhao Cheng, Qi Lei, Pin-Yu Chen, Inderjit Dhillon, and Cho-Jui Hsieh. CAT: Customized adversarial training for improved robustness. In *International Joint Conference on Artificial Intelligence*, 2022.

[75] Jia Deng, Wei Dong, Richard Socher, Li-Jia Li, Kai Li, and Li Fei-Fei. ImageNet: A large-scale hierarchical image database. In *IEEE Conference on Computer Vision and Pattern Recognition*, pp. 248–255, 2009.

[76] Ali Shafahi, Mahyar Najibi, Amin Ghiasi, Zheng Xu, John Dickerson, Christoph Studer, Larry S. Davis, Gavin Taylor, and Tom Goldstein. Adversarial training for free! In *Neural Information Processing Systems*, Vol. 32, pp. 3358–3369, 2019.

[77] Eric Wong, Leslie Rice, and Z. Kolter. Fast is better than free: Revisiting adversarial training. In *International Conference on Learning Representations*, pp. 1–17, 2020.

[78] Dinghuai Zhang, Tianyuan Zhang, Yiping Lu, Zhanxing Zhu, and Bin Dong. You only propagate once: Accelerating adversarial training via maximal principle. In *Neural Information Processing Systems*, 2019.

[79] Jianyu Wang and Haichao Zhang. Bilateral adversarial training: Towards fast training of more robust models against adversarial attacks. In *IEEE/CVF International Conference on Computer Vision*, pp. 6628–6637, 2019.

[80] Gaurang Sriramanan, Sravanti Addepalli, Arya Baburaj, and Venkatesh B. Radhakrishnan. Towards efficient and effective adversarial training. In *Neural Information Processing Systems*, 2021.

[81] Tianyu Pang, Xiao Yang, Yinpeng Dong, Hang Su, and Jun Zhu. Bag of tricks for adversarial training. In *International Conference on Learning Representations*, pp. 1–21, 2021.

[82] Sylvestre-Alvise Rebuffi, Sven Gowal, Dan A. Calian, Florian Stimberg, Olivia Wiles, and Timothy Mann. Data augmentation can improve robustness. In *Neural Information Processing Systems*, 2021.

[83] Terrance DeVries and Graham W. Taylor. Improved regularization of convolutional neural networks with cutout. *arXiv preprint arXiv:1708.04552*, 2017.

[84] Sangdoo Yun, Dongyoon Han, Seong J. Oh, Sanghyuk Chun, Junsuk Choe, and Youngjoon Yoo. CutMix: Regularization strategy to train strong classifiers with localizable features. In *IEEE/CVF International Conference on Computer Vision*, pp. 6023–6032, 2019.

[85] Dimitris Tsipras, Shibani Santurkar, Logan Engstrom, Alexander Turner, and Aleksander Madry. Robustness may be at odds with accuracy. In *International Conference on Learning Representations*, pp. 1–23, 2019.

[86] Shoaib A. Siddiqui and Thomas Breuel. Identifying layers susceptible to adversarial attacks. *arXiv preprint arXiv:2107.04827*, 2021.

[87] Leslie Rice, Eric Wong, and Zico Kolter. Overfitting in adversarially robust deep learning. In *International Conference on Machine Learning*, Vol. 119, pp. 8093–8104, 2020.

[88] Pavel Izmailov, Dmitrii Podoprikhin, Timur Garipov, Dmitry Vetrov, and Andrew G. Wilson. Averaging weights leads to wider optima and better generalization. In *Conference on Uncertainty in Artificial Intelligence*, Vol. 2, pp. 876–885, 2018.

あだち ひろき（中部大学）

フカヨミ 点群解析
姿勢に左右されない表現を目指して
・・

■藤原研人

　近年，計測機材の発展や計算機性能の向上により，点群データの活用がさま
ざまな分野で進んでいる。と聞いても，馴染みのない人にとってピンと来ない
ことが多いであろう。日常生活においてわれわれ自身が点群を扱う場面はある
だろうか。筆者が研究開発業務以外の場で点群に触れた経験を思い出そうとし
たところ，幼少期に遊んだ点繋ぎくらいしか思い浮かばなかった。

　一方で，空間の3次元点群情報はロボットのナビゲーションや自動運転に不
可欠な要素になっている。また，われわれがもつスマートフォンにも，いつの
間にかしれっと3次元点群の計測機能が搭載され始めている。このように，わ
れわれが点群とより密接にかかわる日常はすぐそこまで来ている。本稿では，
この点群データがどのようなものであるか，また，点群データを解析する際に
考慮しなければならない3つの性質について解説し，近年の点群解析手法がこ
れらの課題をどう解決しようと試みているかを紹介する。

　1節では，点群表現と点群を扱うことを困難にする3つの要素，具体的には，
座標系，順序，スケールの解説を行う。2節では，近年の深層学習においてど
のように点群を扱う困難さを回避してきたか，さまざまなアプローチを紹介す
る。最後に3節では，点群を扱う上で一番の問題である姿勢の変化に対応しよ
うとする最新の試みを紹介する。

1　点群情報処理技術の背景

　本節では点群データとはどういったものなのかを解説し，また，どういった場
面で利用されているかを紹介する。点群を利用した解析を行う上で重要になっ
てくる点群の性質にも触れ，これまでの研究の流れについて解説する。

1.1　点群データとは？

　点群データとは，名前どおり，点の集合によって構成されるデータである。1
次元上の点もあればn次元にある点も存在するが，本稿では，現実世界の3次
元空間における点を取り扱う。それぞれの点は，ある座標系を構成する$X, Y,$

Z 軸上の位置 (x, y, z) で示される。点群データを取得する主な方法には，複数の視点から通常のカメラで撮影した画像から 3 次元復元する方法と，3 次元センサーを用い，レーザーを対象に照射して光がセンサーまで返ってくる時間から奥行きを計測する方法がある。図 1 に VIRTUAL SHIZUOKA プロジェクトにより計測された点群の一例を示す。この例からもわかるように，センサーによっては計測された点の色情報まで取得できる場合もあるが，本稿では X, Y, Z 座標値のみからなる基本的な 3 次元の点群を想定する。

　図 1 を見て，普通の写真でいいのじゃないだろうか？ と思う人も少なくないだろう。確かに必要なのが見栄えだけなら，空など遠方の情報も自然に写る 2 次元の画像でよいだろう。しかし，忘れてはいけないのは，人間には 2 つの目という優れたセンサーが備わっており，どんな場所にいても，ある意味瞬時に奥行き情報が受動的に得られてしまっている，という点である。よって，写真を見ただけでも，被写体である物体に加えて，情景の奥行きも過去の経験からなんとなく想像できてしまうのである。

　一方で，そのようなセンサーや過去の経験が不足しているロボットの場合はどうだろうか。目の前の情景を 2 次元の画像だけから理解し，障害物などとの距離感をつかむことは，相当困難なタスクであると容易に想像できる。いろいろなものと衝突をしながら経験を蓄積させることもできるだろうが，実際の運用上，そういった挙動を許す余裕があるアプリケーションはあまり聞いたことがない。このように，物や場所の特徴や雰囲気をつかむ上では 2 次元画像で十分である場合が多いが，安全性などが重要な場面においては，奥行きの理解を可能にする 3 次元の点群情報が活きてくるのである。

　こういった 3 次元点群データの特性を利用し，さまざまな分野で点群解析が行われ始めている。建築や地理などの分野では早くから利用されており，倒壊

図 1　点群の例：「VIRTUAL SHIZUOKA」富士山南東部・伊豆全域点群データ [1] から

のおそれがある文化財の計測 [2] を行ったり，近年では，図面しか残っていない地形や建造物の管理やシミュレーションに点群データを用いたりしている [1]。また，天文学の分野では，観測された天体を点の集合として解釈し，点群解析手法を利用する例もある [3]。このように，点群解析の応用範囲は拡大を続けている。

1.2　点群の性質

　しかし，2 次元の画像に 1 次元加わっただけなので，そのまま 3 次元の点群の解析をやってしまいましょう，とはいかないのである。点群を扱う上での問題点について，図 2 を眺めて画像と点群の性質を比較しながら検証していきたい[1]。普段，われわれはあまり深く考えることなく画像を編集したり，深層学習モデルなどに入力したりしているが，実は，画像はとても便利に整備され正規化されている表現なのである。

　まず，画像は通常ピクセルという箱によって構成されており，横軸と縦軸に沿ってこれらのピクセルが配置されている。それぞれのピクセルの座標値は，原点からそこにたどり着くまでに移動した横軸と縦軸のピクセル数で定められる。このように，画像に関しては統一した座標系が定義されており，画像間の比較も容易に行える。さらに，ピクセルは左上から右下に走査する順序で並ぶものと定められているため，畳み込みなど，近接関係を利用した演算も比較的容易に行うことができる。また，画像のサイズはピクセルの数により決まり，この単位のおかげで，あらゆる画像を任意のスケールに変換することが容易になるので，同じサイズのデータを入力することが暗に求められている機械学習モデルなどにとって，操作のしやすい媒体となる。

　一方，点群に関しては，ただの空間上の点であり，点どうしの空間内の相対的な位置関係しかわからない。座標系を一意に定義しようとすると，まずはど

画像　　　　　　　点群

✓ 座標系　　　　　? 座標系
✓ 順序　　　　　　? 順序
✓ スケール　　　　? スケール

図 2　画像と点群の性質上の差異

の座標系を基準とするかを定めなければならない。図 2 のウサギの場合だと，座標系を定めることは，どの方向が正面であるかを定義することと同義である。単一種類の物体に関しては比較的容易だが，複数の種類の物体で 1 つの座標系を設定する場合はどうだろう。どの角度が机の正面で，どの角度がコップの正面か。これは設定者それぞれの主観によるため，共通の座標系の定義は難しい。

よって，機械学習モデル f に望まれるのは，入力点群 $\mathbf{X} \in \mathbb{R}^{n \times 3}$ と，このような座標系の差を表す回転 $\mathbf{R} \in \mathbb{R}^{3 \times 3}$ に対して

$$f(\mathbf{X}) = f(\mathbf{R}\mathbf{X}) \tag{1}$$

が成り立つという性質である。これを「回転（座標）不変性」と呼ぶ。つまり，対象物がどの向きに置かれても，得られる結果は同じになる，ということである。同様に，それぞれの対象物に対して座標系の原点をどこに置くのかも問題になる場合が多いが，通常は点群を覆う球の中心が原点になるように正規化する。

次に，点の順序に関してはどうだろうか。画像にはピクセルの順番が存在したが，図 2 のウサギの場合，どこを始点とし，どこを終点とすべきだろうか。それぞれ右耳の先と尾にする，と決められたとしても，その間の点をどのような順路でたどっていくべきかという問題が残る。ウサギがこの姿勢を維持するとしても，順序だけで無数の表現方法が可能であることがわかる——まったく同じ物体を表現する点群なのにもかかわらず。順序に左右されないモデル f は

$$f(\mathbf{X}) = f(\mathbf{P}\mathbf{X}) \tag{2}$$

を満たさなければならない。これを「順序不変性」と呼ぶ。ここで $\mathbf{P}$ は置換行列を示し，$\mathbf{P}\mathbf{1} = \mathbf{P}^T\mathbf{1} = \mathbf{1}$，$\mathbf{P}_{ij} \in \{0,1\}$ である。$\mathbf{1}$ は要素がすべて 1 のベクトルであり，$\mathbf{P}_{ij}$ は $\mathbf{P}$ の ij に位置する要素である。つまり，列の入れ替えがあった場合でも，モデルは同じ結果を示さなければならない，ということである。

さらに，点群は空間に浮かぶ点だけであるため，相互の位置関係に関する情報しかなく，画像のピクセルのような単位が存在しない。よって，点群を 1 つのサイズに正規化するためには何らかの基準を設定しなければならず，スケールに関する問題が生じる。つまり，このスケールに左右されないモデル f は

$$f(\mathbf{X}) = f(s\mathbf{X}) \tag{3}$$

を実現しなければならない。s はスケール要素を示す。これを「スケール不変性」と呼ぶ。点群解析においては通常，点群を覆う球の半径が 1 になるように正規化するが，対象物の一部分しか捉えられていない点群などに対しては，別の基準を設ける必要がある。

1.3 点群データ解析における古典的なアプローチ

このように，画像と点群は異なった性質をもっているため，2次元の画像で使われている処理アルゴリズムや解析手法を点群にそのまま適用することは，比較的難しい。一方，点群は形を示すのに最適な媒体であることから，各点が周囲とどういった関係をもっているかを理解することが点群解析を行う上で重要であることが，当初から認識されていた。

それぞれの点がどういった特徴をもっているかを理解することは，単一の点群を解析する上で重要になるだけではなく，他の点群との対応関係を理解する上でも必要不可欠である。先ほどの VIRTUAL SHIZUOKA プロジェクトのような広域のモデリングをする場合，1回の計測で得られる情報は限定的であり，何回も計測を行った上で，最後に1つのデータに統合しなければならない。この統合作業では，計測された点群どうしをジグソーパズルのように貼り合わすことになり，ここで点群どうしの対応関係が重要になってくる[2]。

点の特徴を求めるための古典的な手法は，内在的（intrinsic）なものと外在的（extrinsic）なものに分類されることが多い。

内在的手法は，点の近傍点との接続性をグラフにし，エッジにより生成される面を点群が示す物体の表面として解釈し利用する方法である。一番代表的なものは Heat Kernel Signature（HKS）[9] である。これは，前述の点の接続性によって示されるグラフからラプラシアン行列を生成し，このラプラシアン行列の固有関数の重み付き和が熱の拡散を模していることを利用して設計された特徴表現である。図3のとおり，曲率が低い領域から伝搬する熱は多く，一方で曲率が高い領域に熱量が残ることから，局所形状の特徴を示すものとして広く使われた。これらの手法はノイズなどには強いものの，トポロジーの変化に弱い上，点の近接関係を正確に示すメッシュ情報がそもそも必要であり，点情報しかない場合には利用困難であった。

[2] このタスクは一般に「位置合わせ」（registration）と呼ばれる。位置合わせも興味深い点群の研究トピックであり，古典的な Iterative Closest Point 法 [6] から深層学習による手法 [7] まで存在している。また，学習なしで外れ値を除去しつつ対応関係を算出する方法 [8] なども近年提案されており，まだまだ研究が活発に行われている。

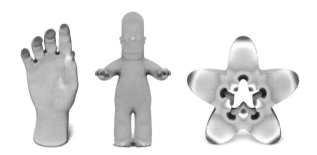

図3　内在的特徴記述手法の例：Heat Kernel Signature（[9] より引用）。表面の曲率が高いところで高い値，低いところで低い値が得られる特徴表現である。

外在的手法は，各点周辺の統計量などからそれぞれの特徴量を算出しようとする手法である。これにはさまざまなアプローチがあり，古典的なものとして，各点の法線方向を軸にした周辺情報を2次元上にマッピングする Spin Image [10]（図4）や，法線や周辺点間のベクトルにより形成される角度の統計量をヒストグラムに集積し特徴にする Point Feature Histograms [11] などが挙げられる。前述のようなメッシュを必要とするという制約は弱まるが，周辺点との関係の算出を各点に対して行わなければならないため，計算量の問題を抱える。

なお，画像の特徴量の設計と同様に，点群の場合も，万能な特徴量が存在しないことが問題となっていた。どの特徴量がどのタスクに向いているかを選定するのが難しく，場合によっては既存の手法をタスクに合わせて改変しなければならないこともあった。

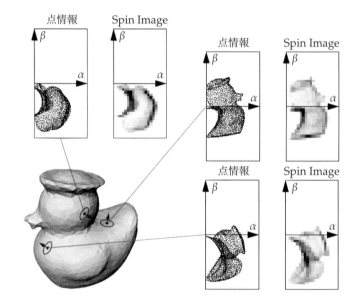

図4　外在的特徴記述手法の例：Spin Image（[10] より引用し翻訳）。法線との距離を α，接平面との距離を β とし，近傍点を α–β 空間に投影し，Spin Image を作成する。

2　深層学習による点群データ解析

深層学習の流行の勢いは，点群解析分野でも徐々に拡大した。大量のデータを用いてニューラルネットワークを学習することで，タスクに合わせて特徴量を設計する手間を軽減できる。ただ，前述のとおり，点群は画像とは異なる3つの性質があるため，画像で使われている深層学習モデルを直接適用することは困難である。本節では，表現方法を工夫して点群を深層学習に適応させる研究

を紹介する。さらに，点群をそのまま扱うという，特に勢いがあるアプローチにおける，深層学習モデルの進化についても紹介する。なお，対象物体の形状に欠損はなく，前述のとおり，スケールは物体を包む単位球の半径を 1 とするように正規化されているとする。対象タスクは主に点群の識別やセグメンテーションを想定しているが，空間情報を含む各点における中間特徴量は，点群の対応付けや検知などにも広く応用されている。図 5 にそれぞれのアプローチの代表的な手法を示し，表 1 に利点・欠点をまとめる。

表 1　各手法の利点・欠点

	利点	欠点
ボクセル 画像 その他表現	次元拡張で従来のモデルを利用可能 画像解析用モデルを直接適用可能 画像として解釈可能	データサイズ 点ごとの処理が困難 統一的な表現が困難
点	点群をそのまま利用可能	近傍情報の欠落

2.1　表現方法

ボクセルへの変換

　点群に深層学習モデルを適用する手法でまず発展したのは，点群を 3 次元の画像として扱えるように変換する方法であった [12, 16]。従来より，3 次元空間を固定サイズの箱に切り分け，その中に点が存在するか否かで物体を表現するボクセル（voxel）表現というものは使われていた。数年前に流行した，土を掘ったり木を切ったりして冒険する Minecraft [17] のような表現方法である。これらの方法は，点群を 3 次元のボクセル表現に変換し，画像のように統一された座標系を構築する。これにより，ボクセルの順序が定まり，その結果得られる近傍関係を利用することで，畳み込みなどの演算が可能になる。

　これらの手法の利点は，従来の画像用に開発された畳み込みニューラルネットワークの次元を拡張するだけで，ボクセル表現に変換した点群を扱えるところにある。中間層の可視化も直感的で，解釈が比較的容易である。しかし，2 次元のラスター画像と同様，箱で空間を表現しようとしているため，より詳細な情報を捉えるためには，箱の数を増やさなければならない。1 辺のサイズを n とすると，画像の場合，1 辺のピクセルを増やすと 2 乗のオーダーで画素数が増えるが，ボクセルの場合はこれが 3 乗になる。たとえば，$n = 64$ ピクセルの画像は 4,096 ピクセルで済むが，同じサイズのボクセル数は 262,144 にのぼる。未体験の方には，ぜひご自身の PC で高解像度のボクセルデータをうっかり生成し，PC がフリーズしてしまう経験をしていただきたい。

　一方で，医療の分野においては，ボクセル表現が必須である。中身が空の点群とは異なり，CT や MRI 画像は人間の内部の様子を細かに捉えるものであり，

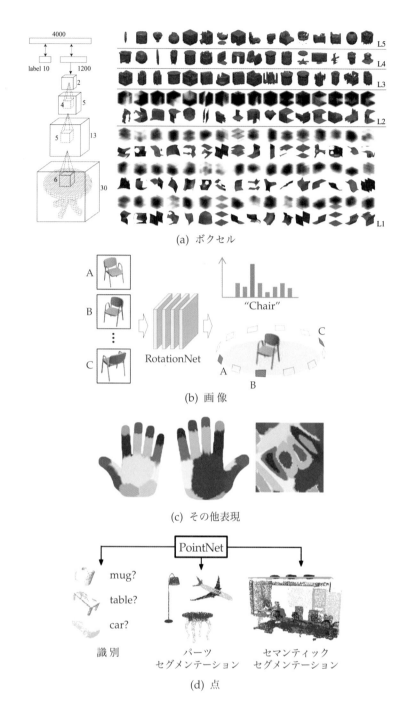

(a) ボクセル

(b) 画像

(c) その他表現

(d) 点

図 5　点群表現：4 つの主な方法論（(a)〜(d) は順に [12]〜[15] より引用し翻訳）。点群に深層学習を適用するため，(a) ボクセル表現に変換して 3 次元畳み込みを可能にするアプローチや，(b) さまざまな視点からのレンダリング画像や (c) 展開図に変換し，画像用のモデルを適用するアプローチがある。一方，(d) 点群をそのまま入力とする方法も提案されており，その利便性の高さから注目が集まっている。

これが何層にも重なってボクセルを形成する。このようなデータの解析にはボクセルベースの手法は最重要であり，さまざまな研究開発が進められている。また，NeRF [18] などの流行により，空間情報を明示的なボクセルではなくニューラルネットワークで表現する，という方法も登場している [19]。

画像への変換

前述のとおり，ボクセルベース手法は深層学習の適用が容易になるものの，データのサイズが爆発するという問題がある。そこで次に登場したのが，点群を画像に戻そうという仰天の試みである [13, 20]。このアプローチでは，3 次元点群データを数視点からレンダリングし，既存の 2 次元画像用の深層学習モデルにそのまま入力することを意図している。

このアプローチの利点は，点群をボクセルより軽量な画像に変換することで，従来の畳み込みニューラルネットワークをそのまま適用できる点にある。さらに，膨大な量の 2 次元画像で学習済みのネットワークを転用し，ベースとして利用できるため，特に点群識別タスクの精度において圧倒的な性能を実現する[3]。一方で，レンダリング画像を生成する上でメッシュデータが必須になるため，点群のみの状態では精度の実現が難しい。さらに，レンダリングする過程において元の点群情報が失われてしまうため，各点の特徴量を必要とする点群セグメンテーションなどのタスクには適用できない。

その他の 2 次元表現への変換

画像への変換アプローチと根底の発想は共有しつつも，元の形状の情報をうまく活かそうとしたのが，幾何的な画像への変換を試みた手法である [14]。このアプローチでは，点群からなるメッシュの曲率など，形状に関する情報を円筒や球に投影し，ある線でそれらを平面に切り開き，同じく既存の 2 次元画像用の深層学習モデルを利用する，ということを行う。

画像ベースの手法の利点に加え，元の形状の特徴が画像上に反映されることがメリットとして挙げられる。一方で，どこの部分で円筒や球を切り開くかが統一的な表現を阻む大きな障害になっており，点群の順序や座標系の問題が完全には避けられないことが弱点として挙げられる。

点自体の利用

こういったさまざまな問題が研究者を悩ませる中，ある日突然とてつもない発想が発表された。何もしない，というアプローチである。この手法では，点群やその法線情報を直接深層学習のモデルの入力とする。ただし，前述のとおり，点群での固定した近傍の定義は困難であるため，畳み込み演算は行わず，各点

[3] 外部の 2 次元画像データで学習したモデルを転用できるため，発表以来，現在まで点群識別精度において圧勝中である。

を多層パーセプトロン（multi-layer perceptron; MLP）によって高次元特徴へ変換する。さらに，同様の理由で近傍点間の情報のプーリング（pooling）が困難なため，各点から得られた特徴量すべてに対してプーリング，または類似の対称関数を適用することにより，順序不変な特徴量を得ることが提唱されている。

　これまでに紹介した手法の主な難点は，点群解析に立ちはだかる順序や座標系の問題を解決するために，元の点情報を捨ててしまうことだった。しかし，PointNet [15] の登場により，姿勢が与えられている場面においては，点群全体の特徴量だけではなく，プーリング前の各点の特徴量も利用可能になり，点群セグメンテーションなどのタスクが行えるようになった。点群識別精度においては，この時点では他の表現を用いた手法ほどではなかったが，PointNet の何もしないという発想がゲームチェンジャーとなって，点ベースの点群解析研究はさまざまな方面で活発に行われるようになり，現在でも多くの提案が行われている。

2.2　ネットワーク構造

　PointNet においては，各点を MLP に入力し，特徴量を算出する演算を繰り返し，最終的には全体を記述する 1 つの特徴量に集約する。n 点からなる点群 $\mathbf{X} \in \mathbb{R}^{n \times 3}$ の各点を $\mathbf{x} \in \mathbf{X}$ とすると

$$\mathbf{g} = \mathcal{A}(h(\mathbf{x}_1), \ldots, h(\mathbf{x}_n)) \tag{4}$$

として，点群全体の d 次元の特徴量 $\mathbf{g} \in \mathbb{R}^d$ が得られる[4]。ここで，h は特徴演算機構（MLP），$\mathcal{A}$ は集約機構（maxpooling 層）を示す。この式からもわかるとおり，最終層近辺の集約機構まで各点間の交流がないため，また階層的な演算が欠如しているため，局所的な構造の情報が取得できないことが，この提案の欠点として指摘された。

　こうした欠点を補うために，さまざまな方法が提案されてきた。1 つは入力に対して前処理的な教師なし学習を施すことにより，畳み込みを擬似的に行うという方法である。各点群に対して自己組織化マップ（self-organizing map; SOM）の学習を行い，局所特徴的なキーポイントを事前に抽出し，SOM で得られたノードに近い k 個の点に対してプーリングによる集約を行う機構を用いる手法 [21] が提案された。さらに，図 6 のように，事前に各点群の点周辺を距離場により表現して，それを小さなニューラルネットワークに埋め込み，重みを特徴量として扱う手法 [19] も提案されている。

　また，グラフニューラルネットワークの流行に伴い，入力は点群のままにし，各点の近傍情報からグラフ演算によって点群の特徴情報を集約する方法も提案された。DGCNN [22] では，各点 $\mathbf{x}_i$ とその近傍点 $\mathbf{x}_j$ の双方を特徴演算機構の入力とし，

[4] 初期層に適切な回転を施すモジュールが本来の提案にはあるが，簡略化のため省略している。経験上，このモジュールがなかった場合でも結果に大差はない。

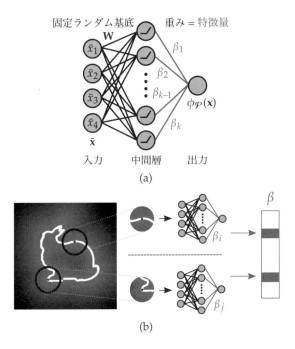

(a)

(b)

図6　事前学習法の一例（[19] より引用し翻訳）。各点の周辺距離場をニューラルネットワークに埋め込み，重みを各点と周囲の情報を含む特徴量として利用する。(a) 各点の周辺の距離場を埋め込むニューラルネットワークから重み β を抽出する。(b) おのおのの点に対応したニューラルネットワークから得られる β を結合したものを，点群の特徴として扱う。

$$\mathbf{g}_i = \underset{i,j \in \mathcal{N}_{\mathbf{x}_i}}{\mathcal{A}} \left(h(\mathbf{x}_i, \mathbf{x}_j) \right) \tag{5}$$

という演算を行う。この方法では，図7にあるように，$\mathbf{x}_i$ と $\mathbf{x}_j$ の関係から得られる特徴量を近傍 $\mathcal{N}_{\mathbf{x}_i}$ の中で集約し，点 $\mathbf{x}_i$ に対応する特徴量 $\mathbf{g}_i$ を取得している点が特徴的である。また，この演算ユニットは層を積み重ねて繰り返し処理をすることが想定されており，次段においては，得られた各点の特徴量 $\mathbf{g}_i, \mathbf{g}_j$ が

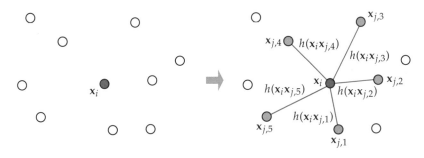

図7　DGCNN [22] における近傍情報の集約。$\mathbf{x}_i$ の k 個（この場合は $k = 5$）の近傍点との関係を集約し，$\mathbf{x}_i$ の特徴量として利用。

入力となり，演算が行われる。k 近傍の探索はそれぞれの段階で行われるため，後段では，特徴空間内で距離が近い点，言い換えると，元の位置にかかわらず特徴的に似ている点どうしの集約が行われていく。

また，近傍の集約を行いつつ，階層的な情報も取得しようとするさまざまな方法も検討されている。PointNet++ [23] においても，式 (5) で行われたような集約が各層で行われる。しかし，PointNet++では，後段に移る際に，選択された点 $\mathbf{x}_a$ から最も遠い点 $\mathbf{x}_b$ を選択し，サンプル数に到達するまでこの工程を繰り返す，Farthest Point Sampling（FPS）という方法によってサンプリングを行う。この方法では，サンプルされた点から新たに近傍 $\mathcal{N}_{\mathbf{x}_i}$ を定義し，特徴量の集約を階層的に実施するアプローチがとられている。このほかにもさまざまな改良版が提案されている。たとえば，近傍の点の分布に対してアフィン変換を適用し，正規分布に整えながら，ブロック間にスキップ接続を設けることで，深いネットワークを構築可能にする手法 [24] は，点群ベースの手法において現時点で最高峰の点群識別精度を達成している。

3　姿勢不変な点群解析に向けて

何か忘れていないだろうか。そう，これらの手法はすべて固定された姿勢が与えられた状態での話である。言い換えると，適当な回転を与えるだけで，これらの手法の認識やセグメンテーションの精度は一気に落ちてしまう。表 2 は ScanObjectNN データセット [25] における各手法の認識精度をまとめたものである。その 3 列目（z^*/SO(3)）に示すとおり，訓練データには回転を付与せず，テストデータにだけ任意の回転を与えた場合，精度は 2 列目の回転なしの状態から目も当てられない状態になる。近傍の集約や階層にとらわれ，式 (1) で示

表 2　ScanObjectNN データセット [25] における識別精度〔%〕。TTA は test-time augmentation の略で，テスト時に 24 姿勢の並び替えを行って得られた結果から最も確度が高い結果を選択する方法をとっている。

	z^*/z^*	z^*/SO(3)	SO(3)/SO(3)
PointNet [15]	79.4	16.7	54.7
PointNet++ [23]	87.8	15.0	47.4
PointCNN [26]	**89.9**	14.6	63.7
DGCNN [22]	87.3	17.7	71.8
RIConv [27]	—	78.4	78.1
LGR-Net [28]	—	81.2	81.4
Selector [31] (w/o TTA)	84.3	84.3	84.3
Selector [31] (w/ TTA)	86.7	**86.7**	**86.7**

訓練時／テスト時
z^*：事前に位置合わせ済み，SO(3)：任意の回転を適用

したような座標不変性が実現できていないのである。こうした状況を打破する
には，データを増やせばよい。しかし，X, Y, Z 軸 3 方向の回転を連続的に適
用することは，無限に時間があっても足りない。表 2 の 4 列目（SO(3)/SO(3)）
は学習時に訓練データにも回転を付与した場合だが，2 列目の精度にはまだ
まだ遠い。よって，データ拡張による問題解決は非現実的である。

　そこで，この姿勢不変な点群解析を達成するための研究に注目が集まってい
る。これらはデータ拡張を無闇に行うことなく，入力がいかなる姿勢であった
としても同一点群に対しては同一の特徴量を生成しようとする取り組みである。

3.1　局所的情報に着目する方法

　前節の PointNet++ [23] やその関連研究の成功にならい，局所的な情報を姿
勢に左右されることなく集約しつつ，階層的に解析を行う研究が盛んに行われ
ている。

　RI-GCN [29] では，PointNet++と同じく FPS によってサンプリングをしな
がら，各点の周辺情報を集約するが，周辺情報を回転不変にするために，近傍
の点を用いて主成分分析を行い，得られた軸を世界座標に合わせることで姿勢
を統一させる方法をとっている。さらに，サンプリングされた点間の関係に対
しては，グラフ畳み込みネットワーク（graph convolutional network; GCN）
を用いて畳み込みを行う。最終的に各サンプリング階層の GCN で得られたす
べての特徴を 1 つに結合し，対象点群の回転不変な特徴量として後段のタスク
に用いる。これ以外にも，点間で形成されるベクトル間の角度などを用いて回
転不変な特徴を生成する方法 [30] など，多数の手法が提案されている。

　これらの多くに共通する点として，人間が作為的に構築した局所的情報を利
用しているため，完全に形状情報を拾いきれず，後段の解析精度が上がってい
ないことが挙げられる。また，局所的領域に存在する点の集合は不均一に散ら
ばっていることが多く，主成分分析で得られる結果が不安定となる問題もある。

3.2　形状の大域的特徴に着目する方法

　上記の方法では，複雑な局所特徴量やネットワークを構築し，回転に影響さ
れない手法を模索するものが多かったが，より単純に，物体それぞれの特性に
着目する方法も提案されている。これは，物体の固有ベクトルから最適な姿勢
を探す手法である [31]。これまでにも物体を簡易的に位置合わせする方法とし
て，物体の固有ベクトルが用いられてきたことは多々ある。しかし，これらは
たいてい安易に固有値の順に軸の順番を決定し，それに応じた姿勢に物体を変
換する，というものであった。しかし，同一クラスの物体間でも個体差はある。
ベッドを見ても，細いベッドや，ほぼ正方形のものまである。そこで，Li ら [31]

が提案したのは，固有値どおりに軸の順番を固定的に定めてしまうのではなく，軸の組み合わせの中から最適な姿勢を探す，というアプローチである。

固有値分解による最適な姿勢の求め方としては，点群 $\mathbf{X} \in \mathbb{R}^{n \times 3}$ に対し

$$\frac{\sum (\mathbf{X}_i - \bar{\mathbf{X}}) (\mathbf{X}_i - \bar{\mathbf{X}})^T}{n} = \mathbf{E} \mathbf{\Lambda} \mathbf{E}^T \tag{6}$$

のように主成分分析を行う。$\mathbf{X}_i \in \mathbb{R}^3$ は $\mathbf{P}$ の i 番目の点，$\bar{\mathbf{P}} \in \mathbb{R}^3$ は $\mathbf{P}$ の中心，$\mathbf{E}$ は固有ベクトル $(\mathbf{e}_1, \mathbf{e}_2, \mathbf{e}_3)$ で構成される行列で，$\mathbf{\Lambda} = \mathrm{diag}\,(\lambda_1, \lambda_2, \lambda_3)$ は対応する固有値である。従来の方法では，これらの固有ベクトルを $\mathbf{P}_{\mathrm{can}} = \mathbf{P}\mathbf{E}$ のとおりに世界座標に合わせることによって，最適な姿勢を求める。

しかし，ここには2つの曖昧性が存在する。1つは符号である。実際，固有ベクトル $\mathbf{e}$ の符号を変えても固有値分解上は問題はない。よって，符号を変えるだけで8パターンの曖昧性が生じるが，表3に示すとおり，この中で結果的に得られる行列 $\mathbf{E}$ の行列式が1になるのは，4パターンしかない。もう1つは，前述のとおり，固有ベクトルの組み合わせ順序である。従来は重要度を示す固有値の順に固有ベクトルの組み合わせを決定していたが，実は6パターンが存在する。これら2つを掛け合わせると，実に24の姿勢が主成分分析によって得られる。この実際の例を図8に示す。これにより，無限に存在した学習すべき姿勢パターンが24に絞られることになる。

この方法ではさらに，この24パターンを入力とし，最適な姿勢を選択するポーズセレクターという機構を提案している。図9にポーズセレクターの概要を示す。24姿勢で表現されている各点群 $\mathbf{P} \in \mathbb{R}^{n \times 3}$ をそれぞれベクトル化し，1つにまとめた $3n \times 24$ の行列をこの機構に入力として与える。この行列から高次元の特徴量を計算し，$3n$ 次元に沿ってプーリングを行って，1つの特徴ベクトルを算出する。このベクトルはさらに24次元の特徴へ変換され，softmax 関数を適用後，重みベクトル $\mathbf{w}$ へと変わる。最適な姿勢 $\mathbf{P}_{\mathrm{sel}} \in \mathbb{R}^{n \times 3}$ は，この重みを用いて

表3　行列式，固有ベクトルの曖昧性と幾何的意味。非回転には反射などが含まれる。

	行列式	幾何的意味
$[+\mathbf{e}_1, +\mathbf{e}_2, +\mathbf{e}_3]$	1	回転
$[-\mathbf{e}_1, -\mathbf{e}_2, +\mathbf{e}_3]$	1	回転
$[+\mathbf{e}_1, -\mathbf{e}_2, -\mathbf{e}_3]$	1	回転
$[-\mathbf{e}_1, +\mathbf{e}_2, -\mathbf{e}_3]$	1	回転
$[-\mathbf{e}_1, +\mathbf{e}_2, +\mathbf{e}_3]$	-1	非回転
$[+\mathbf{e}_1, -\mathbf{e}_2, +\mathbf{e}_3]$	-1	非回転
$[+\mathbf{e}_1, +\mathbf{e}_2, -\mathbf{e}_3]$	-1	非回転
$[-\mathbf{e}_1, -\mathbf{e}_2, -\mathbf{e}_3]$	-1	非回転

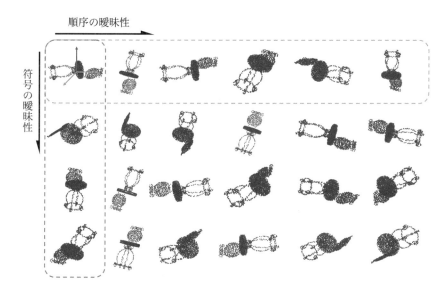

図 8 主成分分析の 3 軸の組み合わせの中で回転を示す全パターンの可視化

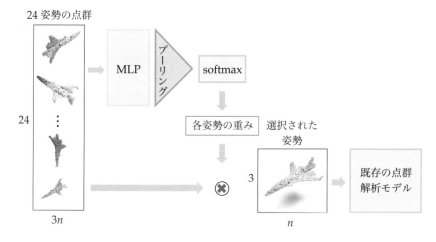

図 9 24 姿勢の点群を入力とし，後段タスクに最適な姿勢を抽出するポーズセレクター機構

$$\mathbf{P}_{\mathrm{sel}} = \sum_{d=1}^{24} \mathbf{w}_d \mathbf{P}_d \tag{7}$$

として算出する。$\mathbf{P}_d, \mathbf{w}_d$ は，最適な姿勢と対応する重みを示す。

　表 2 の Selector に対応する数値が，これら 24 パターンの点群とポーズセレクター機構を用いて学習を行った結果である。回転が適用されない場面においては，前節に記した手法群が強さを発揮しているが，テストデータに回転が適用された場合には本節の手法が圧倒的な性能を発揮しており，適切なデータ拡

張を行い，それに見合った機構を採用するだけで，複雑なネットワークを性能面で凌駕する可能性が示されている。

4 まとめ

点群解析の手法は，点群を他の表現方法に変換する方法から，点をそのまま扱う方法へと発展し，さらに姿勢が変わっても影響がない手法にまで研究が及んでいる。とはいえ，点群解析にはまだまだ未踏の部分が多い。

まず，ここで紹介した手法の多くは，物体が完全であり，欠損がない場合を想定したものが多い。3 節で取り上げた手法は，欠損が生じると主成分分析の結果に変化が生じ，最適なデータ拡張が実施されない可能性がある。よって，解析の過程において，欠損があるかないか，ある場合その部分はどういった形状をしているかを特定し，補完しながら解析を進める手法などが待たれる。

また，画像などの分野に比べて，Transformer モデルが活躍している印象は，点群分野においてはあまりない[5]。これは，扱うべき点の数が多い，データ数が小さい，といった理由による可能性が高い。今後どのようにモデルが発展していくかに注視したい。

[5] Zhao ら [32] など，一定数は存在する。

参考文献

[1] 静岡県交通基盤部建設支援局建設技術企画課．「VIRTUAL SHIZUOKA」富士山南東部・伊豆東部エリアのデータ公開．http://www2.pref.shizuoka.jp/all/kisha20.nsf/c3db48f94231df2e4925714700049a4e/02c1ee8264a1b658492585420007c620. 公開日：2020-04-30.

[2] Katsushi Ikeuchi, Takeshi Oishi, Jun Takamatsu, Ryusuke Sagawa, Atsushi Nakazawa, Ryo Kurazume, Ko Nishino, Mawo Kamakura, and Yasuhide Okamoto. The great Buddha project: Digitally archiving, restoring, and analyzing cultural heritage objects. *International Journal of Computer Vision*, Vol. 75, No. 1, pp. 189–208, 2007.

[3] Yoshihiro Takeda, Nobunari Kashikawa, Kei Ito, Jun Toshikawa, Yongming Liang, Rikako Ishimoto, and Takehiro Yoshioka. VoidNet: Void galaxy selection from g-dropout catalog by deep learning. In *Galaxy Cluster Formation II (GCF 2021)-Virtual Workshop*, p. 54, 2021.

[4] Stanford University. The Stanford 3D Scanning Repository. http://www-graphics.stanford.edu/data/3Dscanrep/. 最終確認日：2020-08-01.

[5] Greg Turk and Marc Levoy. Zippered polygon meshes from range images. In *21st Annual Conference on Computer Graphics and Interactive Techniques*, pp. 311–318, 1994.

[6] Paul J. Besl and Neil D. McKay. Method for registration of 3-D shapes. In *Sensor Fusion IV: Control Paradigms and Data Structures*, Vol. 1611, pp. 586–606. Spie, 1992.

[7] Christopher Choy, Wei Dong, and Vladlen Koltun. Deep global registration. In *IEEE/CVF Conference on Computer Vision and Pattern Recognition*, pp. 2514–2523, 2020.

[8] Feiran Li, Kent Fujiwara, Fumio Okura, and Yasuyuki Matsushita. Generalized shuffled linear regression. In *IEEE/CVF International Conference on Computer Vision*, pp. 6474–6483, 2021.

[9] Jian Sun, Maks Ovsjanikov, and Leonidas Guibas. A concise and provably informative multi-scale signature based on heat diffusion. *Computer Graphics Forum*, Vol. 28, No. 5, pp. 1383–1392, 2009.

[10] Andrew E. Johnson and Martial Hebert. Using spin images for efficient object recognition in cluttered 3D scenes. *IEEE Transactions on Pattern Analysis and Machine Intelligence*, Vol. 21, No. 5, pp. 433–449, 1999.

[11] Radu B. Rusu, Nico Blodow, and Michael Beetz. Fast point feature histograms (FPFH) for 3D registration. In *2009 IEEE International Conference on Robotics and Automation*, pp. 3212–3217. IEEE, 2009.

[12] Zhirong Wu, Shuran Song, Aditya Khosla, Fisher Yu, Linguang Zhang, Xiaoou Tang, and Jianxiong Xiao. 3D shapenets: A deep representation for volumetric shapes. In *IEEE Conference on Computer Vision and Pattern Recognition*, pp. 1912–1920, 2015.

[13] Asako Kanezaki, Yasuyuki Matsushita, and Yoshifumi Nishida. RotationNet: Joint object categorization and pose estimation using multiviews from unsupervised viewpoints. In *IEEE Conference on Computer Vision and Pattern Recognition*, pp. 5010–5019, 2018.

[14] Ayan Sinha, Jing Bai, and Karthik Ramani. Deep learning 3D shape surfaces using geometry images. In *European Conference on Computer Vision*, pp. 223–240. Springer, 2016.

[15] Charles R. Qi, Hao Su, Kaichun Mo, and Leonidas J. Guibas. PointNet: Deep learning on point sets for 3D classification and segmentation. In *IEEE Conference on Computer Vision and Pattern Recognition*, pp. 652–660, 2017.

[16] Daniel Maturana and Sebastian Scherer. VoxNet: A 3D convolutional neural network for real-time object recognition. In *2015 IEEE/RSJ International Conference on Intelligent Robots and Systems (IROS)*, pp. 922–928. IEEE, 2015.

[17] Mojang. Minecraft, 2009. Game (PC), Sweden.

[18] Ben Mildenhall, Pratul P. Srinivasan, Matthew Tancik, Jonathan T. Barron, Ravi Ramamoorthi, and Ren Ng. NeRF: Representing scenes as neural radiance fields for view synthesis. In *European Conference on Computer Vision*, pp. 405–421. Springer, 2020.

[19] Kent Fujiwara and Taiichi Hashimoto. Neural implicit embedding for point cloud analysis. In *IEEE/CVF Conference on Computer Vision and Pattern Recognition*, pp. 11734–11743, 2020.

[20] Hang Su, Subhransu Maji, Evangelos Kalogerakis, and Erik Learned-Miller. Multi-view convolutional neural networks for 3D shape recognition. In *IEEE International Conference on Computer Vision*, pp. 945–953, 2015.

[21] Jiaxin Li, Ben M. Chen, and Gim H. Lee. SO-Net: Self-organizing network for point

cloud analysis. In *IEEE Conference on Computer Vision and Pattern Recognition*, pp. 9397–9406, 2018.

[22] Yue Wang, Yongbin Sun, Ziwei Liu, Sanjay E. Sarma, Michael M. Bronstein, and Justin M. Solomon. Dynamic graph CNN for learning on point clouds. *Acm Transactions On Graphics (tog)*, Vol. 38, No. 5, pp. 1–12, 2019.

[23] Charles R. Qi, Li Yi, Hao Su, and Leonidas J. Guibas. PointNet++: Deep hierarchical feature learning on point sets in a metric space. In *Advances in Neural Information Processing Systems*, Vol. 30, 2017.

[24] Xu Ma, Can Qin, Haoxuan You, Haoxi Ran, and Yun Fu. Rethinking network design and local geometry in point cloud: A simple residual MLP framework. In *International Conference on Learning Representations*, 2021.

[25] Mikaela A. Uy, Quang-Hieu Pham, Binh-Son Hua, Thanh Nguyen, and Sai-Kit Yeung. Revisiting point cloud classification: A new benchmark dataset and classification model on real-world data. In *IEEE/CVF International Conference on Computer Vision*, pp. 1588–1597, 2019.

[26] Yangyan Li, Rui Bu, Mingchao Sun, Wei Wu, Xinhan Di, and Baoquan Chen. PointCNN: Convolution on $\mathcal{X}$-transformed points. In *Advances in Neural Information Processing Systems*, Vol. 31, 2018.

[27] Zhiyuan Zhang, Binh-Son Hua, David W. Rosen, and Sai-Kit Yeung. Rotation invariant convolutions for 3D point clouds deep learning. In *2019 International Conference on 3D Vision (3DV)*, pp. 204–213. IEEE, 2019.

[28] Chen Zhao, Jiaqi Yang, Xin Xiong, Angfan Zhu, Zhiguo Cao, and Xin Li. Rotation invariant point cloud classification: Where local geometry meets global topology. *arXiv preprint arXiv:1911.00195*, 2019.

[29] Seohyun Kim, Jaeyoo Park, and Bohyung Han. Rotation-invariant local-to-global representation learning for 3D point cloud. In *Advances in Neural Information Processing Systems*, Vol. 33, pp. 8174–8185, 2020.

[30] Xianzhi Li, Ruihui Li, Guangyong Chen, Chi-Wing Fu, Daniel Cohen-Or, and Pheng-Ann Heng. A rotation-invariant framework for deep point cloud analysis. *IEEE Transactions on Visualization and Computer Graphics*, 2021.

[31] Feiran Li, Kent Fujiwara, Fumio Okura, and Yasuyuki Matsushita. A closer look at rotation-invariant deep point cloud analysis. In *IEEE/CVF International Conference on Computer Vision*, pp. 16218–16227, 2021.

[32] Hengshuang Zhao, Li Jiang, Jiaya Jia, Philip H. S. Torr, and Vladlen Koltun. Point transformer. In *IEEE/CVF International Conference on Computer Vision*, pp. 16259–16268, 2021.

ふじわら けんと （LINE 株式会社）

フカヨミ 数式ドリブン点群事前学習
3D物体認識も数式からデータを自動生成!!!

■山田亮佑

AlexNet が提案された 2012 年以降，画像認識における技術進化は目覚ましく，一部の画像認識タスクでは人間による認識率を凌駕するものさえあります。一方で，われわれ人間が生活する実世界は 3D の空間であることから，より 3 次元世界を理解しようという動機に基づき，最近では 3D データと深層学習を利用した 3D 物体認識の研究も盛んに行われています。ここで，3D 物体認識に用いる 3D データには，メッシュ，ボクセル，3 次元点群などの代表的なものから，各座標から物体形状の表面までを符号付き距離で表現する最新アプローチの符号付き距離関数（signed distance function; SDF）まで，さまざまなデータ表現が使用されています。本稿では，特に 3 次元点群を用いた 3D 物体認識に焦点を置き，CVPR2022 で提案された数式ドリブン点群事前学習である Point Cloud Fractal Database（PC-FractalDB）[1] についてフカヨミしていきます。

1 はじめに

一般に，深層学習を利用するには，大量かつ汎用的なデータと教師ラベルを準備する必要があります。しかし，医療分野などの特定の認識タスクにおいては，そうしたデータを準備することが非常に困難です。少量データでは，過学習を引き起こし，認識モデルの汎化性能が低くなる局所解に陥りやすくなります。そのような問題を解決する 1 つのアプローチとして，「事前学習」（pre-training）と「転移学習」（transfer learning）という概念が存在します。具体的には，事前学習と転移学習では，ImageNet [2] などの大規模データセットをあらかじめ学習した事前学習モデルを，下流タスク[1] の認識モデルの初期値として用いた上で，モデルに追加学習をさせます。

事前学習と転移学習は，画像認識や動画認識，さらには自然言語処理においても大きな成功を収めており，下流タスクにおいて認識精度の向上や学習時間の短縮に寄与することが報告されています [3]。たとえば，画像認識では ImageNet の事前学習モデルが一般的に使用されており，動画認識では Kinetics [4] の事前学習モデルが使用されています。ここで，下流タスクにおいて認識精度の向

[1] 下流タスクとは転移学習先の認識タスクのことであり，画像認識では画像分類・物体検出・領域分割などの基本的な認識タスクを指すのが普通です。

上や学習時間の短縮を実現させるための秘訣として，事前学習モデルでの汎用的な特徴表現の獲得が挙げられます。つまり，事前学習時に大量かつ汎用的なデータを学習することが重要ということです。

　一方で，3次元点群を用いた3D物体認識では，実応用の現場において事前学習と転移学習は一般的に用いられておらず，基本的にはランダムな初期値から認識モデルを学習するスクラッチ学習が主流となっています。この理由の1つとして，ImageNet（画像枚数：100万枚）やJFT-300M（画像枚数：3億枚）に匹敵する大規模データセットが存在しないことが挙げられます。画像や動画はインターネット経由で大量にデータを収集可能ですが，3Dデータはそうはいきません。したがって，3Dデータセットを構築するためには，図1に示すように3Dセンサを使用して実環境から3Dデータを収集するか，人手で3Dモデルを作成する必要があります。また，3Dデータに対するアノテーションでは，3D空間における物体の位置・姿勢などを考慮しなければなりません。そのため，3Dバウンディングボックスなどの高品質な教師ラベルを付与するには，多大なコストがかかります[2]。

　そこで，3次元点群を用いた3D物体認識においては，教師ラベルが付与されていない3Dデータから汎用的な特徴表現を獲得することを目指す自己教師あり学習（self-supervised learning; SSL）が盛んに研究されています。次節では，点群深層学習における自己教師あり学習について紹介します。

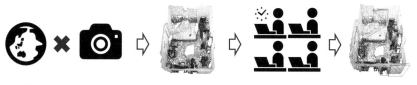

実環境　　3Dセンサ　　　3Dデータ取得　　アノテーション　　学習データ
　　　　　・LiDAR　　　　　　　　　　　　・カテゴリ
　　　　　・RGBDカメラ　　　　　　　　　・3Dバウンディング
　　　　　　　　　　　　　　　　　　　　　　ボックス

図 1　3D データセットの構築手順

2　点群深層学習における自己教師あり学習

2.1　自己教師あり学習とは？

　自己教師あり学習とは，ラベルなしデータに対して擬似的に設計したラベルを付与することで，教師あり学習を可能とする手法です。自己教師あり学習の最大の利点は，大量の学習データに対して人手によるアノテーションをすることなく，実質的に教師あり学習を可能とし，認識精度の面でも教師あり事前学習に

匹敵していることです。特に，画像認識においては，ここ数年での認識精度の向上は凄まじく，初めて自己教師あり学習が提案された 2016 年当時は ImageNet の教師あり事前学習に大幅に劣っていましたが，2022 年現在では，教師あり事前学習に匹敵するレベルに到達しています。

　急激な認識精度向上の火付け役となったのが，「対照学習」（contrastive learning）による自己教師あり学習手法です。特に，SimCLR [6]，MoCo [7]，SimSiam [8] が代表的な手法として知られています。画像認識における自己教師あり学習の概念や対照学習に至るまでの変遷については，本シリーズ創刊号の「イマドキノ CV」に詳細な説明がありますので，ここでは特に点群深層学習における自己教師あり学習について説明することにします。

2.2　点群深層学習における自己教師あり学習の変遷

　点群深層学習における自己教師あり学習は，2022 年現在では，(i) 単一 3D オブジェクトによる自己教師あり学習と，(ii) 3D シーンによる自己教師あり学習の 2 つに大別できます。

　(i) 単一 3D オブジェクトによる自己教師あり学習は，通常，ShapeNet [9] などの CAD（computer aided design）モデルで生成された単一 3D オブジェクトに対して，Autoencoder や GAN などの生成モデルを用いた復元タスクを学習します。下流タスクは，3D 形状分類や Parts Segmentation などの低次な 3D 物体認識タスクです。

　(ii) 3D シーンによる自己教師あり学習は，通常，ScanNet などの実環境から取得された 3D シーンに対して，対照学習を用いて 3 次元点群の対応関係を学習します。下流タスクは，3D 物体検出や意味的領域分割（semantic segmentation）などの高次な 3D 物体認識タスクです。最近では，高次な 3D 認識タスクにおいて汎用的な特徴表現を獲得することを目指し，(ii) の学習手法が，点群深層学習における自己教師あり学習のトレンドになっています。

　3D シーンによる自己教師あり学習手法におけるトレンドを創出したのは，ECCV2020 で提案された PointContrast [10] です。この PointContrast を皮切りに，2022 年現在では DepthContrast [5], Contrastive Scene Context（CSC）[11], RandomRooms [12] など，さまざまな手法が提案されています。PointContrast に続くこれらの自己教師あり学習手法は，入力モダリティや細かな学習設計が PointContrast から改善されているものの，基本的には PointContrast と同様の対照学習で成り立っています。次項では，PointContrast の概観について説明します。

2.3 PointContrast

PointContrast は，先述したとおり，3D 物体認識の中でも高次な認識タスクである 3D 物体検出や意味的領域分割に焦点を置いた自己教師あり学習手法です。PointContrast の概略図を図 2 に示します。

具体的には，まず ScanNet からサンプリングした 3D シーンに対して，同一の世界座標系において異なる 2 視点から観測した 3D シーン $\mathbf{x}^1, \mathbf{x}^2$ をそれぞれ生成します。このとき，$\mathbf{x}^1, \mathbf{x}^2$ において同一の 3 次元点群を 2 つの視点間におけるペア点群 $\mathbf{x}^1_i, \mathbf{x}^2_j$ を定義します。このペア点群が対照学習における正例ペア $(i, j) \in P$ となります。ここで，P は 3D シーンにおける全正例ペアの集合を表します。次に，$\mathbf{x}^1, \mathbf{x}^2$ に対して別々の幾何変換 T_1, T_2 を施します。T_1, T_2 をエンコーダ[3] に入力し，特徴空間上に出力された点群特徴量 f を用いて正例ペアの特徴距離を最小化し，負例ペアの特徴距離を最大化するように認識モデルを最適化します。

PointContrast では，Hardest-Contrastive Loss と PointInfoNCE Loss の 2 つの損失関数が提案されていますが，ここでは画像認識における対照学習で一般的な InfoNCE [13] を拡張した PointInfoNCE Loss を L_c として以下に示します。

$$L_c = - \sum_{(i,j) \in P} \log \frac{\exp\left(\mathbf{f}^1_i \cdot \mathbf{f}^2_j / \tau\right)}{\sum_{(\cdot, k) \in P} \exp(\mathbf{f}^1_i \cdot \mathbf{f}^2_k / \tau)} \tag{1}$$

ここで，$\mathbf{f}^1_i$ はクエリ，$\mathbf{f}^2_j$ は正例，$\mathbf{f}^2_k$ は負例です。$\mathbf{f}^2_k$ は $\exists (\cdot, k) \in P$ かつ $k \neq j$ が成り立つときの点群です。また，τ は温度パラメータです。画像データセットとは異なり，ScanNet はシーン数が少量であることから，PointInfoNCE では 3D シーン全体で対照学習をするのではなく，各 3D シーンにおける局所領域，つまり 3 次元点群レベルで対照学習をすることで，少量シーン数に対応可能としています。PointContrast の貢献としては，点群深層学習における自己教

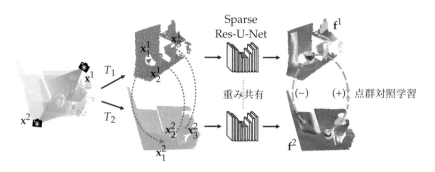

図 2　PointContrast の概略図（[6] より引用し翻訳・改変）

師あり学習の中でも高次な認識タスクである 3D 物体検出や意味的領域分割に対して，初めて事前学習の効果を実証できた点にあります。

2.4 点群深層学習における自己教師あり学習の問題点

既存の自己教師あり学習の重大な問題として，ShapeNet や ScanNet [14] などの小規模な 3D データセットで学習していることが挙げられます。つまり，画像認識とは異なり，自己教師あり学習における学習手法の発展に対して，3D データセットの規模のスケーリングが遅れているということです。自己教師あり学習の目的は，下流タスクにおける認識精度を向上させる有効な特徴表現を獲得することです。そのためには，3D データセットの規模の拡大が必要です。

そこで，CVPR2022 において，この問題を解決しつつ，下流タスクと同様の事前学習タスクを設計可能とする「数式ドリブン教師あり学習」（formula driven supervised learning; FDSL）の枠組みとして Point Cloud Fractal DataBase（PC-FractalDB）が提案されました [1]。次節では，この PC-FractalDB についてフカヨミしていきます。

3　Point Cloud Fractal Database

PC-FractalDB は数式ドリブン教師あり学習の枠組みの 1 つであり，数式に基づいて 3D モデルから，3D シーン，3D バウンディングボックスまでを自動生成できる 3 次元点群データセットです。ここでは，3.1 項で数式ドリブン教師あり学習を概説した上で，3.2 項では PC-FractalDB の構築方法を解説し，3.3 項では PC-FractalDB による事前学習効果を紹介します。

3.1　数式ドリブン教師あり学習

数式ドリブン教師あり学習とは，画像認識分野において提案された「何かしらの法則，関数および数式により，画像パターンとその画像カテゴリの対を自動かつ同時に生成する」（本シリーズ創刊号「イマドキノ CV」より引用）という概念です。数式ドリブン教師あり学習において極めて成功している研究例としては，Fractal Database（FractalDB）[14] が挙げられます。

FractalDB は実世界における自然物の幾何法則といわれる「フラクタル幾何」を数式の根拠とし，大量のフラクタルパターンを画像に投影することで大規模画像データセットを自動構築しています。FractalDB の事前学習では，実画像をいっさい使用しないにもかかわらず，ImageNet の事前学習と同等以上の性能を達成しています[4]。

PC-FractalDB は，数式ドリブン教師あり学習の概念を空間方向の 3 次元に拡

[4] CVPR2022 で，Kataoka らが FractalDB から着想を得て設計した Radial Counter Database（RCDB）を提案しており，ついに ImageNet の事前学習モデルを凌駕する性能へと到達しました [15]。

張したデータセットです．PC-FractalDB も FractalDB と同様に，フラクタル幾何を数式の根拠としており，「実世界の自然物の規則性から生成した 3D パターンを学習することで，既存の 3D データセットよりも汎用的な特徴表現を獲得できるのではないか」という着想に基づいて研究が進められています．

3.2 Point Cloud Fractal Database の構築方法

PC-FractalDB では，事前学習時に 3D 物体検出に対する学習を可能とするために，3D モデルと 3D シーン，3D バウンディングボックスを自動生成します．PC-FractalDB は 4 つの手順で構築されます．具体的には，図 3 に示すとおり，(1) 3D フラクタルモデルの生成，(2) データ分布に基づくカテゴリ探索，(3) FractalNoiseMix によるインスタンス拡張，(4) 3D 教師ラベルと 3D フラクタルシーンの生成という手順です．

CVPR2022 で提案されている PC-FractalDB [1] は，1,000 カテゴリ，100,000 シーンの構成で構築されています．また，先述した PointContrast の事前学習に使用される ScanNet は 18 カテゴリ，1,500 シーンの構成で構築されています．そのため，PC-FractalDB は，事前学習用の 3D シーンデータセットとしては最大規模のデータセットとなります．

3D フラクタルモデルの生成

3D フラクタルモデルは，フラクタル幾何を表現する反復関数系である 3D Iterated Function System（3D IFS）[16] により生成できます．3D IFS は，アフィン変換を行う複数個の関数と，各関数を選択する確率で構成されます．ここで，3D IFS は以下の式 (2) に示します．

$$3D\ IFS = \{W_1, W_2, \ldots, W_j;\ P_1, P_2, \ldots, P_j\} \tag{2}$$

ここで，W_j はアフィン変換を施す関数であり，P_j はアフィン変換を選択する確率です．確率に基づき選択されたアフィン変換関数を使って 3 次元座標に対して座標変換を繰り返すことで，3D フラクタルモデルが生成されます．アフィン変換を以下の式 (3) に示します．

$$\mathbf{x}_i = \begin{bmatrix} a_j & b_j & c_j \\ d_j & e_j & f_j \\ g_j & h_j & i_j \end{bmatrix} \mathbf{x}_{i-1} + \begin{bmatrix} j_j \\ k_j \\ l_j \end{bmatrix} \tag{3}$$

ここで，$\mathbf{x}$ は 3 次元座標であり，$\mathbf{x} = \begin{bmatrix} x & y & z \end{bmatrix}^\top \in \mathbb{R}^3$ となります．また，$\{a_j \sim l_j\}$ は $[-1.0, 1.0]$ の範囲でランダムに初期化されます．ここで，式 (3) の

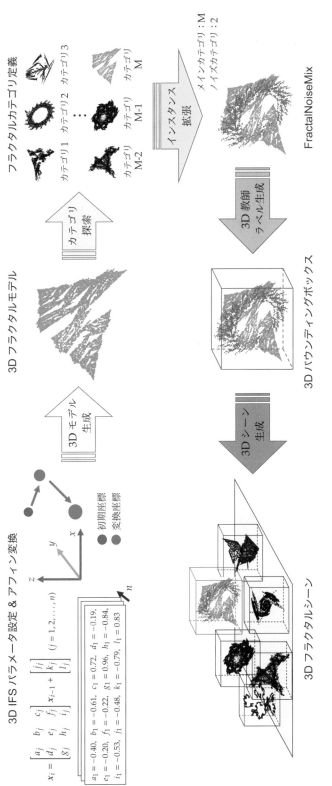

図 3　Point Cloud Fractal Database の構築手順（[1] より引用し翻訳）

$\{a_j \sim i_j\}$ からなる行列を T_j としたとき，アフィン変換の関数を選択する確率は，$P_j = |\det T_j| / \sum_{j=0}^{N} |\det T_j|$ により導出されます。

　また，一般に ScanNet や SUN RGB-D では，認識モデルに入力する 3 次元点群数を 20,000 点または 40,000 点として，モデルを検証します。PC-FractalDB では，3D 空間に複数個の 3D フラクタルモデルを配置することで 3D フラクタルシーンを生成します。そのため，1 つの 3D フラクタルモデルにつき 3 次元点群数が数万点になると，ダウンサンプリングに多大な計算コストが必要になってしまいます。そこで，CVPR2022 における提案 [1] では，3D IFS による座標変換を 4,000 回反復することにより，4,000 点の 3D フラクタルモデルを生成しています。

データ分布に基づくカテゴリ探索

　PC-FractalDB のカテゴリは，3D フラクタルモデルの分散閾値に基づいて定義されます。具体的には，3D フラクタルモデルの各座標軸において分散値を算出します。それらの分散値が実験的に設定された分散閾値以上の場合，その 3D フラクタルモデルをカテゴリとして採用します[5]。

5) 分散閾値を大きくしすぎると，該当する 3D フラクタルモデルが少なくなり，カテゴリ探索に膨大な時間が必要になってしまいます。論文 [1] では，探索実験により最適な分散閾値は 0.15 とされています。

　分散閾値によりカテゴリを決定する理由として，3D フラクタルモデルの形状パターンの多様性が挙げられます。3D IFS のパラメータによっては，3D フラクタルモデルが局所的に集合してしまう場合があります。そこで，3D フラクタルモデルの各座標軸における分散に基づいた閾値を設定することで，図 4 に示すように，3D 空間において 3 次元点群が局所的に集中した 3D フラクタルモデルを避けることができます。文献 [1] において，分散閾値あり／なしで検証実験したところ，分散閾値ありのほうが 3D 物体を高精度に検出できています。

FractalNoiseMix によるインスタンス拡張

　各カテゴリにおける 3D フラクタルモデルは，1 モデルのみです。そこで，3D フラクタルモデルを拡張する必要があります。従来，FractalDB では IFS の各パラメータを 20% で変動させることでインスタンス拡張していました。3D IFS でも同様のインスタンス拡張は可能ですが，パラメータの変動による拡張方法では，3D フラクタルモデルにおける形状の多様性が広がらず，冗長なインスタンス拡張になってしまいます。

　そこで，PC-FractalDB では PointMixUp [17] や PointCutMix [18] などの Data Augmentation 手法から触発された FractalNoiseMix という新たなインスタンス拡張手法を提案しています。具体的には，図 5 に示すように，FractalNoiseMix ではメインカテゴリにおける 3D フラクタルモデルに対してランダムに選択した別カテゴリ（ノイズカテゴリ）の 3D フラクタルモデルを 20% 追加すること

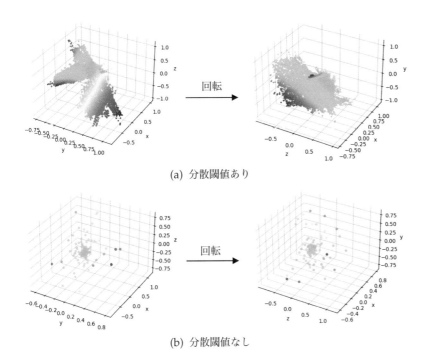

(a) 分散閾値あり

(b) 分散閾値なし

図 4　分散閾値がある場合とない場合のカテゴリ探索の一例（[1] より引用し翻訳）

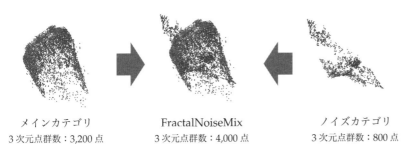

メインカテゴリ　　　　　FractalNoiseMix　　　　　ノイズカテゴリ
3次元点群数：3,200 点　　3次元点群数：4,000 点　　3次元点群数：800 点

図 5　FractalNoiseMix によるインスタンス拡張（[1] より引用し翻訳）

で，インスタンス拡張を実現しています。これにより，3D フラクタルモデルがマルチインスタンス化し，カテゴリ内のインスタンスを効果的に拡張させることができます。FractalNoiseMix 後，3D フラクタルモデルの教師ラベルはメインカテゴリが採用されます。

3D 教師ラベルと 3D フラクタルシーンの生成

　3D フラクタルモデルの生成・拡張後は，それらの 3D フラクタルモデルを利用して 3D フラクタルシーンを生成します。3D 物体検出を事前学習タスクとす

るため，シーンの生成では，3D バウンディングボックスも生成します。ここで
は，3D フラクタルシーンと 3D バウンディングボックスの生成方法について，
図 6 を用いて詳述します。

初めに，3D フラクタルシーンに配置する 3D フラクタルモデルを全モデルか
らランダムに選択します。次に，選択した 3D フラクタルモデルに対して，回
転操作と 3D バウンディングボックスの付与を行います。3D バウンディング
ボックスの生成に関しては，Y 軸と Z 軸に対して任意に設定したアスペクト比
を乗算することで，各 3D バウンディングボックスのスケールの多様性を確保
します。また，姿勢拡張に関しては，Z 軸に対して $[-180, 180]$ からランダムに
設定した角度だけ回転操作を施します。最後に，3D フラクタルモデルを X-Y 平
面における $[-7.5, 7.5]$ の範囲内にランダムに配置します。このとき，配置する
3D フラクタルモデル数は，ポアソン分布に基づいて決定します。これにより，
各 3D フラクタルシーンにおける 3D フラクタルモデル数に多様性が与えられ
ます。さらにこのとき，ある一定の割合以上 3D バウンディングボックスの領
域が重複しないように配置が考慮されます。

3.3 事前学習効果の比較

PC-FractalDB では，事前学習の有効性を屋内 3D シーンデータセットである
ScanNet, SUN RGB-D により検証しています[6]。検証実験におけるネットワー
クには VoteNet を採用しており，比較手法としては 2 節で紹介した自己教師あ
り学習である PointContrast, CSC, RandomRooms を用いています。

ScanNet と SUN RGB-D における検出結果を表 1 に示します。まず，スク
ラッチ学習と PC-FractalDB の事前学習を比較すると，mAP@0.25 の検出精度
が ScanNet において 4.0%，SUN RGB-D において 2.0% 向上していることが確
認できます。また，PointContrast, CSC, RandomRooms と PC-FractalDB の
事前学習を比較しても，PC-FractalDB のほうが高精度に検出していることが確
認できます。

[6] 比較実験時，PC-FractalDB
は 1,000 カテゴリ，500 インス
タンス，10,000 シーンで構成
されています。

表 1 ScanNet と SUN RGB-D における検出結果（[1] より引用し翻訳）

事前学習	バックボーン	パラメータ数	入力	ScanNetV2		SUN RGB-D	
				mAP@0.25	mAP@0.50	mAP@0.25	mAP@0.50
スクラッチ学習	PointNet++	0.95M	Geo+Height	57.9	32.1	57.4	32.8
スクラッチ学習	SR-UNet	38.2M	Geo	57.0	35.8	56.1	34.2
RandomRooms	PointNet++	0.95M	Geo+Height	61.3	36.2	59.2	35.4
PointContrast	SR-UNet	38.2M	Geo	59.2	38.0	57.5	34.8
CSC	SR-UNet	38.2M	Geo	—	**39.3**	—	**36.4**
PC-FractalDB	PointNet++	0.95M	Geo+Height	**61.9**	38.3	**59.4**	33.9
PC-FractalDB	PointNet++ ×2	38.2M	Geo+Height	<u>63.4</u>	<u>39.9</u>	<u>60.2</u>	35.2
PC-FractalDB	SR-UNet	38.2M	Geo	59.4	37.0	57.1	**35.9**

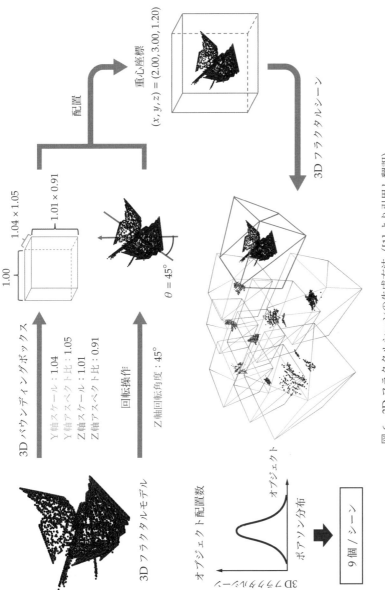

図 6 3D フラクタルシーンの生成方法 ([1] より引用し翻訳)

また，PC-FractalDB では，3D 物体認識において非常に重要となる少量の学習データに対する性能と，限られたアノテーションに対する性能を評価しています。少量の学習データに対する性能に関しては，ScanNet の学習データから {10%, 20%, 40%, 80%} の割合でサンプリングして擬似的に少量の学習データセットを構築し，オリジナルのテストデータと比較して評価しています。限られたアノテーションに関しては，ScanNet の各 3D シーンにおける 3D バウンディングボックスの数が平均 {10%, 20%, 40%, 80%} となるように教師ラベルをサンプリングして擬似的に少量の学習データセットを構築し，オリジナルのテストデータと比較して評価しています。

少量の学習データと限られたアノテーションに対する性能を図 7 に示します。少量の学習データと限られたアノテーションのどちらに関しても，PC-FractalDB の事前学習は，スクラッチ学習と従来の自己教師あり学習手法よりも検出精度が優れていることが確認できます。特に，学習データが 10% しかない場合に関して，PC-FractalDB の性能は CSC よりも 14.8% 向上しており，少量の学習データしかない場合での PC-FractalDB の事前学習効果の高さがわかります。

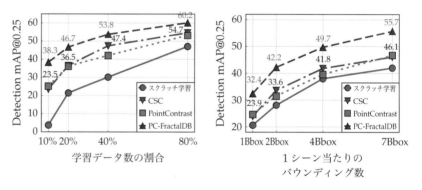

図 7　少量の学習データと限られたアノテーションにおける検出結果（[1] より引用し翻訳）

4　最新動向

2 節で紹介したように，PointContrast の提案以降，対照学習を利用した自己教師あり学習手法が数多く提案されています。一方で，点群深層学習による 3D 物体認識にも Transformer の潮流が到来しており，PointTransformer [19] やFast Point Transformer [20] を筆頭に，最近では 3D 物体検出用の 3DETR [21]なども提案されています。

Transformer の台頭により，点群深層学習による自己教師あり学習手法もパラダイムシフトを迎えており，自然言語処理における BERT [22] の事前学習を

模倣した PointBERT [23] が CVPR2022 で提案されています。PointBERT は低次の 3D 物体認識タスクに焦点を置いた学習設計として提案されていますが，今後は 3D 物体検出をはじめとするより高次な 3D 物体認識タスクにも適用可能になることと思われます。

5 おわりに

本稿では，3 次元点群を利用した 3D 物体認識における事前学習モデルを構築するために提案された PC-FractalDB についてフカヨミしました。

PC-FractalDB では，実環境から取得した 3D データをいっさい必要とせずに，自然物の規則性であるフラクタル幾何を根拠として，数式から 3D モデル・3D シーンを自動生成する数式ドリブン教師あり学習が実現しています。また，PC-FractalDB は，3D シーンに対して 3D バウンディングボックスという高品質なアノテーションさえも自動生成することが可能であり，事前学習時に物体検出タスクを学習できるように設計されています。これにより，従来は実現できなかった大量の学習データによる事前学習が可能となりました。

さらに，既存の自己教師あり学習では，3D 物体検出用ネットワークのバックボーン部分にしか事前学習モデルを転用できなかったのに対して，PC-FractalDB は下流タスクと同様の 3D 物体検出を事前学習できるため，ネットワーク全体に対して転用することが可能となります。これらの理由により，従来の自己教師あり学習と比較して高精度に 3D 物体を検出することができます。

PC-FractalDB は，データの性質が実データと乖離しているにもかかわらず，事前学習効果が確認されていますが，その理由は解明されていません。今後，3D 物体認識において事前学習がもつ重要な性質が明らかになっていくことが期待されます。

参考文献

[1] Ryosuke Yamada, Hirokatsu Kataoka, Naoya Chiba, Yukiyasu Domae, and Tetsuya Ogata. Point cloud pre-training with natural 3D structures. In *Proceedings of the IEEE/CVF Conference on Computer Vision and Pattern Recognition (CVPR)*, pp. 21283–21293, 2022.

[2] Jia Deng, Wei Dong, Richard Socher, Li-Jia Li, Kai Li, and Li Fei-Fei. ImageNet: A large-scale hierarchical image database. In *Proceedings of the IEEE/CVF Conference on Computer Vision and Pattern Recognition (CVPR)*, pp. 248–255, 2009.

[3] Jeff Donahue, Yangqing Jia, Oriol Vinyals, Judy Hoffman, Ning Zhang, Eric Tzeng, and Trevor Darrell. DeCAF: A deep convolutional activation feature for generic visual recognition. In *Proceedings of the 31st International Conference on Machine Learning (ICML)*, pp. 647–655. PMLR, 2014.

[4] Joao Carreira, Eric Noland, Chloe Hillier, and Andrew Zisserman. A short note on the kinetics-700 human action dataset. *arXiv preprint arXiv:1907.06987*, 2019.

[5] Zaiwei Zhang, Rohit Girdhar, Armand Joulin, and Ishan Misra. Self-supervised pretraining of 3D features on any point-cloud. *arXiv preprint arXiv:2101.02691*, 2021.

[6] Ting Chen, Simon Kornblith, Mohammad Norouzi, and Geoffrey Hinton. A simple framework for contrastive learning of visual representations. In *Proceedings of the 37th International Conference on Machine Learning (ICML)*, pp. 1597–1607, 2020.

[7] Kaiming He, Haoqi Fan, Yuxin Wu, Saining Xie, and Ross Girshick. Momentum contrast for unsupervised visual representation learning. In *Proceedings of the IEEE/CVF Conference on Computer Vision and Pattern Recognition (CVPR)*, pp. 9729–9738, 2020.

[8] Xinlei Chen and Kaiming He. Exploring simple Siamese representation learning. In *Proceedings of the IEEE/CVF Conference on Computer Vision and Pattern Recognition (CVPR)*, pp. 15750–15758, June 2021.

[9] Angel X. Chang, Thomas Funkhouser, Leonidas Guibas, Pat Hanrahan, Qixing Huang, Zimo Li, Silvio Savarese, Manolis Savva, Shuran Song, Hao Su, et al. ShapeNet: An information-rich 3D model repository. *arXiv preprint arXiv:1512.03012*, 2015.

[10] Saining Xie, Jiatao Gu, Demi Guo, Charles R. Qi, Leonidas Guibas, and Or Litany. PointContrast: Unsupervised pre-training for 3D point cloud understanding. In *Proceedings of the 16th European Conference on Computer Vision (ECCV)*, pp. 574–591, 2020.

[11] Ji Hou, Benjamin Graham, Matthias Nießner, and Saining Xie. Exploring data-efficient 3D scene understanding with contrastive scene contexts. In *Proceedings of the IEEE/CVF Conference on Computer Vision and Pattern Recognition (CVPR)*, pp. 15587–15597, 2021.

[12] Yongming Rao, Benlin Liu, Yi Wei, Jiwen Lu, Cho-Jui Hsieh, and Jie Zhou. Random-Rooms: Unsupervised pre-training from synthetic shapes and randomized layouts for 3D object detection. In *Proceedings of the IEEE/CVF International Conference on Computer Vision (ICCV)*, pp. 3283–3292, 2021.

[13] Aaron van den Oord, Yazhe Li, and Oriol Vinyals. Representation learning with contrastive predictive coding. *arXiv preprint arXiv:1807.03748*, 2018.

[14] Angela Dai, Angel X. Chang, Manolis Savva, Maciej Halber, Thomas Funkhouser, and Matthias Nießner. ScanNet: Richly-annotated 3D reconstructions of indoor scenes. In *Proceedings of the IEEE/CVF Conference on Computer Vision and Pattern Recognition (CVPR)*, pp. 5828–5839, 2017.

[15] Hirokatsu Kataoka, Ryo Hayamizu, Ryosuke Yamada, Kodai Nakashima, Sora Takashima, Xinyu Zhang, Edgar J. Martinez-Noriega, Nakamasa Inoue, and Rio Yokota. Replacing labeled real-image datasets with auto-generated contours. In *Proceedings of the IEEE/CVF Conference on Computer Vision and Pattern Recognition (CVPR)*, pp. 21232–21241, 2022.

[16] Michael F. Barnsley. *Fractals Everywhere*. Academic Press, 1988.

[17] Yunlu Chen, Vincent T. Hu, Efstratios Gavves, Thomas Mensink, Pascal Mettes,

Pengwan Yang, and Cees G. M. Snoek. PointMixup: Augmentation for point clouds. In *Proceedings of the 16th European Conference on Computer Vision (ECCV)*, pp. 330–345, 2020.

[18] Jinlai Zhang, Lyujie Chen, Bo Ouyang, Binbin Liu, Jihong Zhu, Yujing Chen, Yanmei Meng, and Danfeng Wu. PointCutMix: Regularization strategy for point cloud classification. *arXiv preprint arXiv:2101.01461*, 2021.

[19] Hengshuang Zhao, Li Jiang, Jiaya Jia, Philip Torr, and Vladlen Koltun. Point transformer. In *Proceedings of the IEEE/CVF International Conference on Computer Vision (CVPR)*, pp. 16259–16268, 2021.

[20] Chunghyun Park, Yoonwoo Jeong, Minsu Cho, and Jaesik Park. Fast point transformer. In *Proceedings of the IEEE/CVF Conference on Computer Vision and Pattern Recognition (CVPR)*, pp. 16949–16958, 2022.

[21] Ishan Misra, Rohit Girdhar, and Armand Joulin. An end-to-end transformer model for 3D object detection. In *Proceedings of the IEEE/CVF International Conference on Computer Vision (ICCV)*, pp. 2906–2917, 2021.

[22] Jacob Devlin, Ming-Wei Chang, Kenton Lee, and Kristina Toutanova. BERT: Pre-training of deep bidirectional transformers for language understanding. *arXiv preprint arXiv:1810.04805*, 2018.

[23] Xumin Yu, Lulu Tang, Yongming Rao, Tiejun Huang, Jie Zhou, and Jiwen Lu. Point-BERT: Pre-training 3D point cloud transformers with masked point modeling. In *Proceedings of the IEEE/CVF Conference on Computer Vision and Pattern Recognition (CVPR)*, pp. 19313–19322, 2022.

やまだ りょうすけ（筑波大学）

フカヨミ 3次元物体姿勢推定
高速・高精度な姿勢推定モデルを目指して！

3次元物体姿勢推定は，物体の3次元における位置および回転の検出を行うタスクである。応用範囲は非常に幅広く，拡張現実（AR），仮想現実（VR）や，ロボットアームによる物体把持などのアプリケーションにおける要素技術としても非常に注目されている。従来はRGB-D画像を用いた推定が主流であったが，実用上は深度センサを利用することが困難な場合も多く，RGB画像のみからの3次元物体姿勢推定が望ましい。そのため，2015年にBrachmannらによりRGB画像のみを用いた深層学習ベースの手法[1]が提案されたことを皮切りに，多くの深層学習ベースの派生研究が現在まで盛んになされてきた。一方で，これらの手法は対象物体が他の物体に遮蔽されている場合は特に，精度が十分でないことが多い。そのため，遮蔽下における精度のさらなる向上を目的として，姿勢の初期推定を精緻化するための手法も多く提案されている。これにより，最新の手法ではRGB-D画像を用いた場合と遜色のない性能を得ることが可能となっている。

本稿では，物体のRGB画像を用いた3次元物体姿勢推定・精緻化に主眼を当てながら，近年大きな進展を遂げている深層学習ベースの手法について解説する[1]。1節では，深層学習ベースの3次元物体姿勢推定における現在までの研究動向について整理する。続いて2節では，初期姿勢推定の精緻化手法について説明する。最後に3節では，今後の展望について議論していく。

[1] 特に，対象物体の正確な形状（メッシュモデル）およびカメラの内部パラメータを既知と仮定した手法のみを取り上げる。

1 3次元物体姿勢推定

従来の3次元物体姿勢推定は，多視点画像群と入力画像の2次元マッチングや，3次元特徴量を用いた手法が主流であった。深層学習の登場以後は，精度・速度に関して急速な向上を遂げ，数多くの深層学習ベースの手法が提案されてきた。それらの手法は，1) 画像が与えられた際にCNNなどを用いてシングルショットで姿勢を推定する方法と，2) 画像中から検出されたキーポイントと3次元におけるその対応点をもとにPerspective-n-Point（PnP）[2]によって姿勢を推定する方法の2つに大別される。特に，後者の手法は3次元物体姿勢推定

タスクをキーポイント検出と PnP という 2 つのタスクに分離することで，難易度の高い深度推定を避けることに成功している[2]。これにより，前者のシングルショットでの手法に比べて高い汎化性能を達成した。そこで，以下ではそれぞれのカテゴリにおける代表的な論文について説明し，これまでの 3 次元物体検出における研究動向を整理する。

[2] ほかにも，キーポイント検出はアノテーションが容易であるという利点がある。

1.1 シングルショット推定

シングルショット推定とは，単一のネットワークを用いて入力画像から 3 次元物体姿勢を直接予測する手法であり，PoseCNN [3] や SSD6D [4] などがその代表的な手法である。PoseCNN [3] は，図 1 に示すように，位置と姿勢をそれぞれ異なるサブネットワークを用いて推定する。位置に関しては，ベクトル場を用いることで，困難なカメラ座標上での XY 軸方向の 3 次元空間上での位置推定を回避している。しかし，奥行きの直接推定が必要であり，特に物体が遮蔽されている場合での精度の低下が問題となる。ほかにも，姿勢に関してはクオータニオンによる直接推定を行っている。しかし，ニューラルネットワークを用いた回転の直接推定は，回転空間の非線形性や非連続性のために汎化性能が低かったり，形状に対称性をもった物体の推定が難しいという課題がある。

これらの課題を解決するために，SSD6D [4] では回転の推定を分類問題として扱っている。これにより，高精度な回転の推定が実現したが，離散化誤差による精度の制約がある。

1.2 キーポイント検出 + Perspective-n-Point（PnP）を用いた推定

シングルショット推定における課題を解決するために考案されたのが，キーポイント検出 + Perspective-n-Point（PnP）を用いた推定手法である。キーポイント検出では，物体の 3 次元バウンディングボックスの頂点や物体の CAD モデル上に事前に定義された 3 次元キーポイント $\mathbf{X} \in \mathbb{R}^{N \times 3}$ に対応する，画像空間上に射影された 2 次元キーポイント $\mathbf{x} \in \mathbb{R}^{N \times 2}$ を予測する。このとき，N は対象物体に紐づくキーポイントの数を表す。その後，3 次元/2 次元キーポイント間の再投影誤差（式 (1)）が最小になるような物体の回転 $\mathbf{R}$ および位置 $\mathbf{t}$ を，PnP を解くことで導出する[3]。

[3] 効率的に解を得るために，EPnP などの派生アルゴリズムが一般に用いられる。

$$\underset{\mathbf{R,t}}{\arg\min} \, ||\mathbf{\Pi}(\mathbf{X}) - \mathbf{x}||_2^2 \tag{1}$$

ここで，回転 $\mathbf{R}$，位置 $\mathbf{t}$ およびカメラ内部パラメータ $\mathbf{K}$ によって 3 次元点 $\mathbf{X}$ を 2 次元に射影する関数の表記として，$\mathbf{\Pi}$ を用いた。キーポイント検出はヒートマップやベクトル場といった画像空間上での表現のみを用いて予測を行う。そのため，比較的ニューラルネットワークが得意とするタスクである。特に，

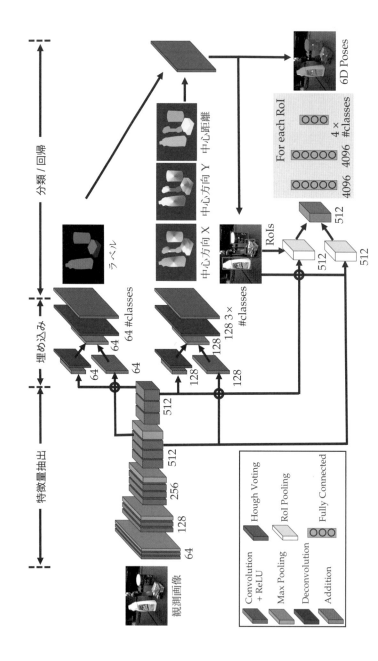

図1 PoseCNN のネットワーク構造。中央部および下部にあるサブネットワークが、ベクトル場を用いた 3 次元位置の推定と、物体の矩形領域内の特徴量を用いた 3 次元回転の推定をそれぞれ行う。[3] より引用し翻訳。

シングルショット推定のように奥行きや回転を直接推定する必要がないため，キーポイント検出＋PnP を用いた手法は，より高い精度で3次元物体検出を行うことが可能となっている。

上述したように，対象物体の2次元/3次元キーポイントの対応が既知であるならば，3次元物体姿勢推定はキーポイント検出タスクに帰着可能である。そこで，その精度向上を目的として，さまざまな3次元キーポイントの生成アルゴリズムや2次元キーポイントの予測手法が提案されてきた。DOPE [5] と BB8 [6]は，3次元バウンディングボックスの頂点にキーポイントを配置し，2次元上での対応点をヒートマップによって推定している。しかし，3次元バウンディングボックスの頂点は背景画像上にある場合が多く，ヒートマップによるキーポイントの正確な推定が難しい。そのため，PVNet [7] では，3次元バウンディングボックスの頂点をキーポイントとする代わりに，Farthest Point Samplingアルゴリズムを用いて物体表面上に3次元キーポイントを配置している（図2を参照）。これにより，対象物体が遮蔽されている場合を除き，3次元キーポイントは画像中の物体領域内に投影される。PVNet はさらに，遮蔽された領域における堅牢なキーポイント検出を行うために，OpenPose [8] などの人体キーポイント推定でも用いられているベクトル場をヒートマップの代わりに用いている。予測したベクトル場に対して投票アルゴリズムを用いることで，遮蔽された物体に対してもより高い精度で姿勢推定が可能となっている。派生研究として，HybridPose [9] は，キーポイント，エッジベクトル，対称対応など，複数の2次元表現を用いた制約最適化問題を解くことにより，優れた性能を実現している。

これらの手法により，3次元姿勢推定の精度は大きく改善したものの，キーポイントは一般に疎な表現であるため，推定誤差の点で頑健ではないという課題がある。たとえば，1桁ピクセルの推定誤差が3次元では数センチの位置誤差となる場合もある。しかし，AR・VR におけるアプリケーションやロボットアームによる物体把持では，一般に非常に高い推定精度が要求される。そのため，得られた初期姿勢推定の精緻化が非常に重要となってくる。

2　初期姿勢推定の精緻化

深層学習ベースの3次元物体姿勢推定において，キーポイントと比較して密な表現（例：3次元点群，レンダリング画像と観測画像の比較）などを用いた初期姿勢推定の精緻化が効果的であることは，比較的早い段階から知られていた。PoseCNN [3] と AAE [10] は，深度情報を使用した ICP アルゴリズム [11] を用いている。ほかにも，DeepIM [12]，DPOD [13]，CosyPose [14] は，ズーム

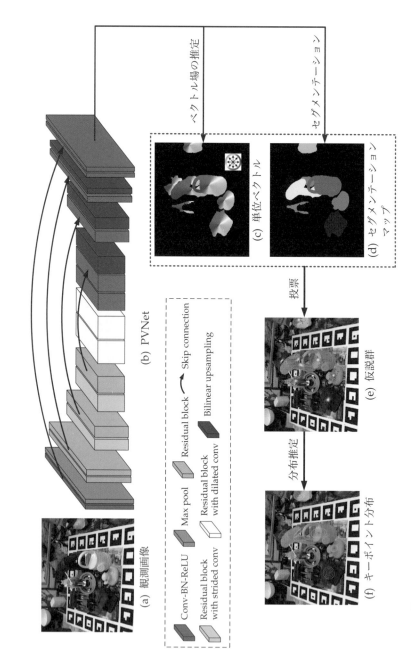

図 2　PVNet のネットワーク構造。U-Net を用いてキーポイントのベクトル場およびセグメンテーションマップの推定を行う。その後、投票アルゴリズムによって 2 次元キーポイントの位置を決定し、PnP 問題を解くことによって姿勢を推定する。[7] より引用し翻訳。

インした観測画像とレンダリング画像を用いた CNN ベースのネットワークを提案している。これらの手法は，精度を大きく改善させることが可能なものの，ICP の実行には深度情報が必須であり，CNN ベースの手法では 3 次元モデルの高品質なテクスチャマップが必要となってくる。しかし，金属性，暗色，あるいは透明なオブジェクトの正確な深度情報やテクスチャを得ることは，いまだ困難である。さらには，いずれの手法もリアルタイムでの実行が難しいという課題がある。また，標準的な微分可能レンダリングをベースとしたアプローチ [15, 16, 17] も提案されているが，推論速度や異なる照明条件に対する堅牢性に関して課題がある。

そのため，高速かつ高精度な姿勢精緻化手法が求められてきた。それに対して，RePOSE [18] は，高速な特徴量抽出手法である深層テクスチャレンダリング（deep texture rendering）を提案し，さらに非線形最適化を組み合わせることで，従来手法と同等またはそれらを上回る性能をリアルタイム以上の速度（80 FPS〜）で実現できることを示した。本節では，CNN を用いた手法 [12, 14, 13] および特徴量抽出＋非線形最適化を用いた手法について，アルゴリズムの詳細に触れながら説明する。

2.1 CNN を用いた手法

図 3 に，CNN を用いた代表的な手法である DeepIM のネットワーク構造を示す。DeepIM は，現在の姿勢推定の結果を用いてレンダリングした画像と観測画像を物体領域で切り抜いた後に，CNN ベースネットワークを用いて反復的に姿勢を更新する。更新前後の位置および回転を $\mathbf{t}_{\mathrm{bef}}$, $\mathbf{t}_{\mathrm{aft}}$, $\mathbf{R}_{\mathrm{bef}}$, $\mathbf{R}_{\mathrm{aft}}$ とし，ネッ

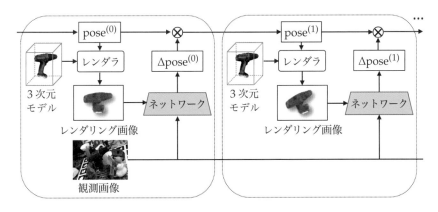

図 3　DeepIM のネットワーク構造。レンダリング画像および観測画像をもとに，ネットワークが反復的に相対姿勢を出力することによって姿勢の精緻化を行う。[12] より引用し翻訳。

トワークによって予測されたカメラ座標における相対的な位置・回転の更新を $\Delta \mathbf{t}, \Delta \mathbf{R}$ とすると，それぞれの関係式は次式のように表される。

$$\mathbf{t}_{\mathrm{aft}} = \Delta \mathbf{R} \mathbf{t}_{\mathrm{bef}} + \Delta \mathbf{t} \tag{2}$$

$$\mathbf{R}_{\mathrm{aft}} = \Delta \mathbf{R} \mathbf{R}_{\mathrm{bef}} \tag{3}$$

しかし，式 (2) からわかるように，$\mathbf{t}_{\mathrm{aft}}$ は $\Delta \mathbf{R}$ と $\Delta \mathbf{t}$ の双方に依存している。よって，ネットワークが $\Delta \mathbf{R}$ と $\Delta \mathbf{t}$ を正確に推定するためには，回転と位置の複雑な幾何的関係を学習する必要がある。この問題を解決するため，DeepIM はネットワークによる予測が容易な解きほぐされた（disentangled）相対位置・回転表現を提案している。具体的には，図 4 (d) に示すように，相対回転 $\Delta \mathbf{R}$ の回転中心をカメラ座標の原点から物体中心に変換している。さらに，回転軸がカメラフレームと平行になるように座標を変換することによって，$\Delta \mathbf{R}$ を用いずに，位置 $\mathbf{t}_{\mathrm{aft}}$ を表すことができる。これにより，回転軸の方向がカメラフレームのみに依存することになるため，現在の物体の姿勢 $\mathbf{R}_{\mathrm{bef}}$ を考慮する必要がない。また，図 5 (b), (d) に例示されているように，相対位置 $\Delta \mathbf{t}$ の XY 軸に関してはピクセルを用い，Z 軸に関しては見かけの大きさの変化の割合を用いる。これらの工夫により，精緻化前の物体姿勢，物体領域の大きさおよびカメラ座標系に依存しない頑健な予測が可能となっている。

このように，適切な相対位置・回転表現を用いることによって，単純なネットワークを用いた場合でも高精度な物体姿勢の精緻化が可能であることが示されている。しかし，CNN を用いてレンダリング画像と観測画像間の数ピクセルという非常に小さなずれをもとに相対姿勢を推定することは困難であ

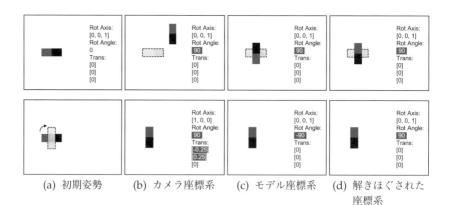

(a) 初期姿勢　(b) カメラ座標系　(c) モデル座標系　(d) 解きほぐされた座標系

図 4　DeepIM [12] は，カメラ座標系ではなく物体を中心としたカメラフレームと平行な軸を回転座標系として用いることで，ネットワークによる学習を容易にする相対回転表現を提案している。[12] より引用し翻訳。

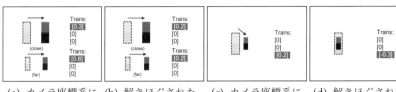

(a) カメラ座標系に
おける XY 方向
への移動

(b) 解きほぐされた
座標系における
XY 方向への移動

(c) カメラ座標系に
おける Z 方向
への移動

(d) 解きほぐされた
座標系における
Z 方向への移動

図 5　DeepIM [12] は，相対位置の XY 軸方向に関してはピクセルを，Z 軸方
向に関しては見かけの大きさの割合を用いることで，切り抜いた画像の大きさ
に依存しない相対位置表現を提案している。[12] より引用し翻訳。

る。実際，元画像から切り取られた観測画像をそのまま用いると，精度が大き
く低下する。そこで，観測画像およびレンダリング画像を拡大した後にネッ
トワークに与え，画像内の物体間のずれを顕在化させることで，CNN を用い
た相対姿勢の高精度な推定を可能にしている。しかし，拡大した画像に対し
て CNN を用いた精緻化を反復的に行うため，実行速度が遅いという課題が
ある。

2.2　高速な特徴量抽出 + 非線形最適化を用いた手法

　CNN を用いた手法における実行速度の遅さを解決するために，高速な特徴
量抽出と非線形最適化を組み合わせた手法が提案されている。代表的な手法で
ある RePOSE は従来手法とほぼ同等の精度を達成しながら，4 倍から 10 倍の
高速化に成功している。図 6 に示すように，この手法は，1) U-Net および同論
文で提案している深層テクスチャレンダリングを用いて，観測画像およびレン
ダリング画像の特徴量を抽出し，2) 得られた特徴量をもとに非線形最小 2 乗法
の一種であるレーベンバーグ・マーカート（LM）法により特徴量間の誤差を姿
勢 P に関して反復的に最小化する，という 2 段階に分けて精緻化を行っている
ことが特徴である。

　単純な方法としては，特徴量を用いる代わりに RGB 空間上で観測画像とレン
ダリング画像間の非線形最小問題を解くことが考えられる。しかし，物体のテ
クスチャによっては適切な画像勾配が得られないこと[4]や，レンダリング画像
と観測画像の照明条件の違いのために，初期姿勢推定が最適化後にさらに悪化
してしまう。そこで，この手法では特徴量空間で非線形最適化問題を解くこと
によって，それらの課題の解決を試みている。

　しかし，RGB 空間の代わりに特徴量空間を用いる際には，特徴量の抽出方法お
よび学習方法に関して正しい設計を行う必要がある。特に，高速な姿勢精緻化を

[4] たとえば，テクスチャのない
物体では画像勾配がほとんど
0 になってしまう。

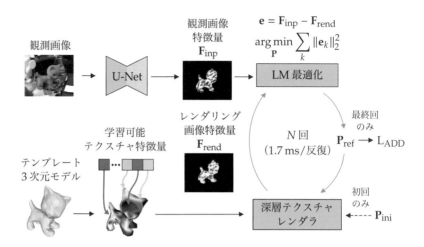

図 6　RePOSE [18] のネットワーク構造。観測およびレンダリング画像特徴量を抽出後に非線形最適化手法である LM 法を用いて姿勢の精緻化を行う。[18] より引用し翻訳。

行うためには特徴量の抽出の高速化が不可欠である。そのため，深層テクスチャレンダリングと呼ばれる手法が提案されている。レンダリング画像の特徴量は最適化の反復回数分だけ抽出する必要があるが，レンダリング後に U-Net を用いて特徴量抽出を行った場合，その実行時間がボトルネックになる。これを回避するために，学習可能テクスチャ特徴量（learnable texture parameter）が割り当てられた対象物体の 3 次元モデルを直接画像空間中にレンダリングすることで，U-Net を用いない高速な（1 ms 以内）レンダリング画像特徴量（rendered image feature）$\mathbf{F}_{\mathrm{rend}}$ の抽出を実現している（図 7）。具体的には，まず 3 次元モデルを構成する三角メッシュを画像平面に射影する。ここで，n 番目の三角メッシュに注目すると，図 8 および次式にあるように，重心座標 w_n をもとにして頂点に割り当てられた特徴 C_n の重み付き和を計算することで，ピクセル $p_n = (x, y)$ における特徴量を得ることができる。

$$\mathbf{F}_{\mathrm{rend}}(x, y) = \sum_{i=1}^{3} w_n^i C_n^i \tag{4}$$

ここで，テクスチャ特徴量 $\mathbf{C}$ を学習するためには，深層テクスチャレンダリングが微分可能である必要がある。ところが，式 (4) からもわかるように，画像特徴量はテクスチャ特徴量の単純な重み付き和で表されるため，微分は次式のように非常に単純な形になる。

$$\frac{\partial \mathbf{F}_{\mathrm{rend}}(x, y)}{\partial C_n^i} = w_n^i \tag{5}$$

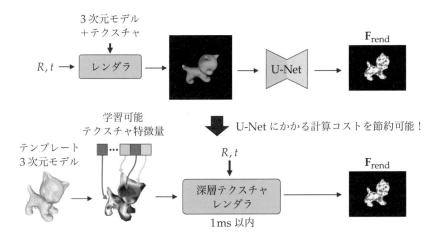

図7　RePOSE [18] では，テクスチャ特徴量が与えられた3次元モデルを深層テクスチャレンダリングによって直接レンダリングすることで，高速な特徴量抽出を実現している。

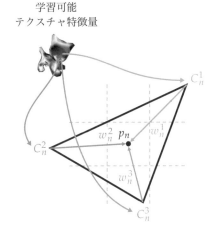

図8　テクスチャ特徴量のラスタライズ処理の例。[18] より引用し翻訳。

　観測画像の画像特徴量（observed image feature）に関しては，反復ごとに特徴量の抽出を行う必要はない。しかし，単純にU-Netを用いた場合，ネットワーク構造によっては，その実行時間がボトルネックになる可能性がある。一般に多くの3次元物体姿勢推定手法では，姿勢推定やキーポイント検出のために，U-Netが用いられることが多い。そのことに着目し，RePOSEでは初期姿勢推定時にU-Netから得られたエンコード済み特徴量を再利用し，U-Netのデコーダ部分のみを学習可能なネットワークとして扱っている。これにより，観測画像の画像特徴量抽出を高速化している。

ここまで，観測・レンダリング画像特徴量の抽出手法について解説した。次に，LM 法を用いた非線形最適化により姿勢をどのように精緻化するのについて説明していく。LM 法では，式 (6), (7) で表されるように，画像特徴量間の誤差 $\mathbf{e}$ を姿勢 $\mathbf{P}$ に関して最小化する。ここで，vec は画像特徴量をベクトル化する処理を表す。

$$\mathbf{e} = \text{vec}(\mathbf{F}_{\text{inp}}) - \text{vec}(\mathbf{F}_{\text{rend}}) \tag{6}$$

$$\hat{\mathbf{P}} = \arg \min_{\mathbf{P}} \sum_k \|e_k\|_2^2 \tag{7}$$

　この非線形最小 2 乗法問題を解くために，まず式 (8) によってヤコビアンを計算する。このとき，ヤコビアンを微分可能レンダラなどで直接得ることも可能だが，誤差逆伝播や，学習時のヤコビアンの微分（2 次微分）の計算コストが高い[5] という問題がある。そのため，式 (8) の最右辺のように，ヤコビアンを画像勾配 $\partial \mathbf{F}_{\text{rend}}/\partial \mathbf{x}$ とカメラヤコビアン $\partial \mathbf{x}/\partial \mathbf{P}$ に分解をした上で計算を行っている。このとき，$\mathbf{x}$ は画像座標を表す。画像勾配は画像座標上での有限差分によって計算でき，カメラヤコビアンについても解析的に解を得ることが可能である。双方ともに計算コストは低く，高速な姿勢精緻化に大きく貢献している。

$$\mathbf{J} = \frac{\partial \mathbf{F}_{\text{rend}}}{\partial \mathbf{P}} = \frac{\partial \mathbf{F}_{\text{rend}}}{\partial \mathbf{x}} \frac{\partial \mathbf{x}}{\partial \mathbf{P}} \tag{8}$$

　姿勢の更新式は，式 (9), (10) にあるように，ヤコビアン $\mathbf{J}$，誤差 $\mathbf{e}$ および単位行列 $\mathbf{I}$ に関する掛け算および逆行列計算によって表される。ところで，学習時にヤコビアン $\mathbf{J}$ の $\mathbf{F}_{\text{rend}}$ の微分が必要になるが，有限差分を用いているため，式 (9) は観測・レンダリング画像特徴量 $\mathbf{F}_{\text{inp}}, \mathbf{F}_{\text{rend}}$ に関して微分可能である。このことは，最終的に得られる姿勢 $\mathbf{P}_{\text{ref}}$ によって計算された損失を用いた誤差逆伝播を行う上で重要になってくる。また，LM 法ではピクセルレベルでの誤差を明示的に考慮しているため，既存手法のように入力画像を拡大する必要がない。そのため，計算コストを大きく下げることが可能になっている。

$$\Delta \mathbf{P} = (\mathbf{J}^T (\mathbf{e}) \mathbf{J} + \lambda \mathbf{I})^{-1} \mathbf{J}^T (\mathbf{e}) \mathbf{e} \tag{9}$$

$$\mathbf{P}_{i+1} = \mathbf{P}_i + \Delta \mathbf{P} \tag{10}$$

　最後に，実際の物体姿勢 $\mathbf{P}_{\text{gt}}$（正例データ）と推定された精緻化後の姿勢 $\mathbf{P}_{\text{ref}}$ を用いて 3 次元テンプレートモデルを変換した後，変換後のモデルの対応頂点間の平均距離を計算することで，損失 L_{ADD} の計算を行っている。前述したように，深層テクスチャレンダリングおよび LM 法での計算はすべて入力に関し

て微分可能であるため，計算した損失を用いて U-Net のデコーダおよびテクスチャ特徴量の学習が可能である。

　以上，本項では高速な物体姿勢の精緻化手法である RePOSE に関して説明した。RePOSE は特徴量抽出に非線形最適化手法を組み合わせることで，既存手法と同等かそれらを上回る精度を，4 倍から 10 倍高速な実行時間で達成している。しかし，RePOSE は，1) 遮蔽領域を明示的に考慮していない，2) 大きな初期姿勢推定誤差を修正できない，という課題がある。その解決を図るため，後続研究として RNNPose [19] が CVPR2022 で提案されている。この手法は，速度の面では若干劣るものの，RePOSE と同様に特徴量抽出と非線形最適化に処理を分離しつつ，遮蔽領域を明示的に考慮することによって，高精度な精緻化を実現している。

3　今後の展望

　本稿では，3 次元物体姿勢推定および精緻化手法について，手法の背景やアルゴリズムの詳細に触れながら紹介した。最新の姿勢推定および精緻化手法は，深層学習で解くべき問題を適切に選択することによって，高速かつ高精度な推定を実現しており，今後着目すべきアプローチである。これは，深層学習においては入力や出力において用いられる空間（例：画像，3 次元座標，回転空間など）の違いが大きく汎化性能を左右するという経験的事実にも通じるだろう。

　紙面の都合上紹介できなかったが，PnP 問題において，キーポイントを用いた最適化によるのではなく，物体領域で切り取られた画像を直接 CNN に与えて学習ベースで姿勢を推定する手法が近年提案されている [20, 21]。PnP 問題を学習ベースで解くというのはいささか不思議ではあるが，大量の学習データがある場合[6] は，疎なキーポイントの代わりに密な画像情報を用いることができるだけではなく，直接姿勢に関して損失を計算できることが精度の向上をもたらすと考えられている。このアプローチの精度は従来手法を大きく上回っており，今後注目すべきアプローチの 1 つである。

　毎年さまざまな手法が発表され，3 次元物体姿勢推定は大きな飛躍を遂げている。しかし，未知の物体や非剛体に対する姿勢推定など，取り組むべき課題が多く残されている。これらの課題は AR/VR のアプリケーションやロボットにおける実応用で非常に重要であるため，今後の研究の動向に注目していきたい。

[6] 一般に，人量の 3 次元姿勢にアノテーションを付与することは困難である。そのため，物理ベースレンダリングなどを用いて得られる写実的な合成画像などが実画像データに加えて用いられる。

参考文献

[1] Eric Brachmann, Frank Michel, Alexander Krull, Michael Y. Yang, Stefan Gumhold, and Carsten Rother. Uncertainty-driven 6D pose estimation of objects and scenes

from a single RGB image. In *CVPR*, 2016.

[2] Vincent Lepetit, Francesc Moreno-Noguer, and Pascal Fua. EPnP: An accurate $O(n)$ solution to the PnP problem. *IJCV*, 2009.

[3] Yu Xiang, Tanner Schmidt, Venkatraman Narayanan, and Dieter Fox. PoseCNN: A convolutional neural network for 6D object pose estimation in cluttered scenes. In *RSS*, 2018.

[4] Wadim Kehl, Fabian Manhardt, Federico Tombari, Slobodan Ilic, and Nassir Navab. SSD-6D: Making RGB-based 3D detection and 6D pose estimation great again. In *ICCV*, 2017.

[5] Jonathan Tremblay, Thang To, Balakumar Sundaralingam, Yu Xiang, Dieter Fox, and Stan Birchfield. Deep object pose estimation for semantic robotic grasping of household objects. In *CoRL*, 2018.

[6] Mahdi Rad and Vincent Lepetit. BB8: A scalable, accurate, robust to partial occlusion method for predicting the 3D poses of challenging objects without using depth. In *ICCV*, 2017.

[7] Sida Peng, Xiaowei Liu, and Hujun Bao. PVNet: Pixel-wise voting network for 6DoF pose estimation. In *CVPR*, 2019.

[8] Zhe Cao, Tomas Simon, Shih-En Wei, and Yaser Sheikh. Realtime multi-person 2D pose estimation using part affinity fields. In *CVPR*, 2017.

[9] Jiaru Song and Qixing Huang. HybridPose: 6D object pose estimation under hybrid representations. In *CVPR*, 2020.

[10] Martin Sundermeyer, Zoltan-Csaba Marton, Maximilian Durner, Manuel Brucker, and Rudolph Triebel. Implicit 3D orientation learning for 6D object detection from RGB images. In *ECCV*, 2018.

[11] Zhengyou Zhang. Iterative closest point (ICP). In *Computer Vision: A Reference Guide*, 2014.

[12] Yi Li, Gu Wang, Xiangyang Ji, Yu Xiang, and Dieter Fox. DeepIM: Deep iterative matching for 6D pose estimation. In *ECCV*, 2018.

[13] Sergey Zakharov, Ivan Shugurov, and Slobodan Ilic. DPOD: 6D pose object detector and refiner. In *ICCV*, 2019.

[14] Yann Labbé, Justin Carpentier, Mathieu Aubry, and Josef Sivic. CosyPose: Consistent multi-view multi-object 6D pose estimation. In *ECCV*, 2020.

[15] Angtian Wang, Adam Kortylewski, and Alan Yuille. NeMo: Neural mesh models of contrastive features for robust 3D pose estimation. In *ICLR*, 2021.

[16] Shichen Liu, Tianye Li, Weikai Chen, and Hao Li. Soft rasterizer: A differentiable renderer for image-based 3D reasoning. *ICCV*, 2019.

[17] Wei-Chiu Ma, Shenlong Wang, Jiayuan Gu, Sivabalan Manivasagam, Antonio Torralba, and Raquel Urtasun. Deep feedback inverse problem solver. In *ECCV*, 2020.

[18] Shun Iwase, Xingyu Liu, Rawal Khirodkar, Rio Yokota, and Kris M. Kitani. RePOSE: Fast 6D object pose refinement via deep texture rendering. In *ICCV*, 2021.

[19] Yan Xu, Kwan-Yee Lin, Guofeng Zhang, Xiaogang Wang, and Hongsheng Li. RNNPose: Recurrent 6-DoF object pose refinement with robust correspondence field

estimation and pose optimization. In *CVPR*, 2022.

[20] Gu Wang, Fabian Manhardt, Federico Tombari, and Xiangyang Ji. GDR-Net: Geometry-guided direct regression network for monocular 6D object pose estimation. In *CVPR*, 2021.

[21] Hansheng Chen, Pichao Wang, Fan Wang, Wei Tian, Lu Xiong, and Hao Li. EPro-PnP: Generalized end-to-end probabilistic perspective-n-points for monocular object pose estimation. In *CVPR*, 2022.

いわせ しゅん（カーネギーメロン大学ロボティクス研究所）

ニュウモン 点群深層学習
Deep で挑む 3D への第一歩

■千葉直也

1 はじめに

実世界は 3 次元空間であり，物体は 3 次元空間での物理的な挙動に従います。一方で，人間の目やカメラは，3 次元の実世界を 2 次元に投影し，画像・映像としてセンシングしています。もちろん 2 次元の画像だけからわかること・できることもたくさんありますが，世界が 3 次元空間であると捉えたほうが実現しやすいアプリケーションもあります[1]。人間はタスクに応じて自然に世界を 3 次元として認識しているようですが，計算機の場合，3 次元データを扱うには明示的なセンシングや 3 次元再構成が必要です。

計算機で 3 次元データを取り扱う研究やアプリケーションは，これまでコンピュータビジョンとコンピュータグラフィクス，およびそれらの周辺の分野[2] で取り組まれてきました。特に本稿で紹介する 3 次元点群は，計算機の性能向上と Microsoft Kinect [1] の発売以降の安価な 3 次元センサの普及に伴って，ロボットビジョン分野での研究・利用が進みました。そして深層学習の流行に伴って点群処理にも深層学習を利用したいというモチベーションが生まれ，PointNet [2] と DeepSets [3] をきっかけに一気に研究が加速しました。

本稿は，深層学習を用いて点群データを処理する方法について，基礎となる技術・アイデアを解説し，それらに関する関連研究を俯瞰します。また，3 次元点群を用いたアプリケーションについても簡単に紹介します。本稿をきっかけに，点群深層学習に興味をもつ方が増えて，実用が進むことを期待しています。

1.1 3 次元データの種類と特徴

3 次元点群は 3 次元形状を記述するデータ構造のうちの 1 つであり，点群以外のデータ構造を利用する 3 次元データ処理やアプリケーションも多数存在します。3 次元データの実例を図 1 に示します。特に実応用上はセンサで取得できるデータ形式や出力したいデータ形式に合わせて適切な変換・データ処理が

[1] マッピング，自己位置推定や，物体の位置・姿勢推定，ハンドリングなどはその代表例です。

[2] ロボティクスなどの実世界データを扱う分野や，材料や化学などの領域における 3 次元モデルを用いた計算・シミュレーションなど。

| 3次元点群 | 3次元メッシュ | 3次元ボクセル | 深度画像 |

図1 3次元データの例。サンプルデータとして，"Stanford Bunny"（Stanford 3D Scanning Repository）[4]，オリジナル 3D モデル「ミーシェ」（ポンデロニウム研究所）[5] を利用し，いずれも 3 次元メッシュから変換して作成した。上段の Stanford Bunny のボクセルについては，見やすさのためにランダムなカラーを割り当てている。

要求されるため，点群以外の 3 次元データの取り扱いが必要になる場合が多々あります。ここでは，代表的な 3 次元データについて，特に 3 次元点群と比較しながら紹介します。

3 次元点群

3 次元点群とは，「空間中にまばらに配置された 3 次元点の集合によって記述されるデータ形式」です。各点について，座標だけではなく，色や反射強度，法線などの付加的な情報が付与されている場合もあります。特に本稿で紹介する 3 次元点群は，物体・シーンの形状を記述することを目的としたものであり，このような場合には物体表面のみに点を配置します。

3 次元メッシュ

3 次元メッシュは，頂点・辺・面からなるデータ構造で，物体の表面をメッシュ面によって記述します。平坦な領域をまとめて面として扱うことができるため，シンプルな形状の場合には点群よりも少ないデータで 3 次元形状を記述できます。また，点群とは異なり明確な表面をもつ[3] ため，接触判定やレンダリングとの相性が良く，コンピュータグラフィクスや物理シミュレーションでもよく用いられます。点群同様，頂点・辺・面ごとに付加的な情報を付与できるほか，各頂点と 2 次元座標を対応・補間することで面にテクスチャをマップ

[3] 点群は点の集合であるため，点の間が表面であるか隙間があるかを陽に記述しません。

4) メッシュを変形させるために操作する点。たとえば人体モデルの場合，関節をコントロールポイントとする場合が多いです。

したり（UV マッピング，テクスチャマッピング），コントロールポイント[4] に対応した頂点ごとの重みを設定し，メッシュの変形を記述（ブレンドスキニング）したりすることもよく行われます。

点群深層学習に隣接する話題として，3 次元メッシュを扱うニューラルネットワークも研究が進められており，Neural Mesh Renderer [6] などのニューラルレンダリングの登場以降，急速に発展しました [7]。

5) 物理的な接触，マクロな接触に加え，レンダリングで必要となる光線との接触による反射なども含みます。

表面を記述するため，接触[5] を扱う処理はしやすいですが，データ構造が複雑であるため，点群と比較すると整合性を保ちつつうまく処理するのが難しい傾向にあります。

ボクセル

ボクセルは，3 次元空間中のグリッドに密に情報を並べたデータ構造で，ピクセル（画素）の集合として記述された画像を 3 次元に拡張したような構成となっています。特に物体の密度・占有率（そこに物体が存在している度合い）を記述する場合は Occupancy や Density，また，離散化された表面までの（符号付き）距離を記述する場合は（Signed）Distance Function（SDF）と呼ばれ，空間中で本来は連続な情報をグリッドで離散化して記述します。シンプルな発想で画像を 3 次元に拡張しているため，さまざまな画像処理のアルゴリズムを 3 次元データに対して適用できます[6]。同じ理由から，画像における 2 次元の畳み込みニューラルネットワーク（2D convolutional neural network; 2D CNN）を 3 次元に拡張した 3D CNN を利用できるため，点群よりも早くに畳み込みニューラルネットワークを用いた 3 次元データ処理に用いられており [9]，現在でも広く実用されています[7]。しかしながら，3 次元空間に密に情報を配置すると，解像度に応じて急速にデータ量が大きくなるため，現実的に扱える解像度には限界[8] があります。また，空間中にボクセルグリッドを定義するための軸を導入するため，点群やメッシュと比較すると，3 次元回転などが扱いにくいという欠点もあります。

6) たとえばモルフォロジー変換，フィルタ処理，フーリエ変換など [8]。

7) 本書の「フカヨミ 点群解析」ではボクセルデータ処理についても触れていますので，参照してください。

8) よく用いられるのは 256^3 程度で，高解像度なデータでも 512^3 が一般的です。

ボクセルにおける解像度当たりのデータ量が巨大であるという問題を解決するためのアプローチとして，スパースボクセルを用いる手法 [10, 11, 12, 13] があります。これは空間中の多くの点で物体が存在しない（物体表面が存在するのはごく一部である）という性質を利用しており，データ構造として 8 分木ベースの手法（Sparse Voxel Octree）[14, 15] や要素インデックスを保持する形式（Coordinate Format Sparse Matrix）[16] などがあります[9]。このようなスパースボクセル（一般にはスパーステンソル）として 3 次元データを深層学習で取り扱う手法については，5.3 項で簡単に紹介します。

9) これらのデータ構造はメモリ効率良く高解像度なボクセルデータを保持することができますが，採用したデータ構造と適用したい演算によっては計算コストが大きくなってしまう場合もあります。

深度画像と RGB-D 画像

深度画像（depth image）は，2 次元画像平面上の各画素についてカメラ位置（光学中心）からの距離を記録したデータ構造であり，多くの場合，光学式センサの計測結果として自然に取得されます。さらに，一般的なカラー画像（RGB 画像）と組み合わせた RGB-D 画像[10] によって，形状と色を同時に扱うことができます。2 次元の画像平面上に密に情報が並んでいるため，画像処理のアルゴリズムを用いたデータ処理がしやすく [8]，2 次元の畳み込みニューラルネットワークの適用も容易です。

3 次元点群や他の 3 次元データ形式と比較すると，撮影時のパラメータ[11] に依存したデータであるため，3 次元空間での物体やカメラの並進や回転，光学系の変更は，他のデータ形式のようには簡単に扱えません[12]。また，深度画像のみからシーンの変化とカメラパラメータの変化を切り分けることも困難です。さらに，カメラから見て物体の後ろに隠れた部分の情報を扱うことができないため，全周形状を一度に記述できず，片面の情報しか取り扱えません。

多視点画像

多視点のカメラから撮影した画像の集合によって間接的に 3 次元シーンを記述するデータ形式を，多視点画像（multi-view image）と呼びます[13]。多くの場合，各カメラ姿勢など（内部パラメータ・外部パラメータ）もあわせて取得されているものとして扱います。カラー画像や RGB-D 画像と異なり，物体の全周形状を記述できますが，深度画像と同様にカメラ姿勢などとシーンが切り分けられていないため，剛体変換などの扱いは容易ではありません。また，実スケールを直接記述しないため，カメラのパラメータがなければ大きさ（スケール）が不定になります。加えて，実環境を対象とする場合，物体全周の多視点画像の取得は通常困難です。

多視点画像の用途として，Multi-View Stereo（MVS）による 3 次元再構成があります。これは Structure from Motion（SfM）においてシーン点群を推定する手法です [17]。深層学習と組み合わせて用いる場合，各画像を 2 次元の畳み込みニューラルネットワークで処理してから，View-Pooling [18] によって視点について集約する処理がよく用いられます。これは点群深層学習で用いられる順序不変な集約（後述）と同様の処理であり，プーリングによって集合データに対して用いられる一般的なアプローチです。多視点画像ベースの深層学習を用いた手法の 1 つである RotationNet [19, 20] は，3 次元データのクラス分類のベンチマークである ModelNet40 [21] において長期間[14] トップのスコアを記録しており，タスク性能としても有効なデータ形式です。

10) ここでの D は depth（深度）の意味です。

11) カメラの内部パラメータ，外部パラメータと呼ばれる情報で，どの視点からどのような光学系（焦点距離，センササイズ，オフセット）で観測されたかを記述します。

12) アプリケーションによっては，カメラの内部パラメータ・外部パラメータにより深度画像の各画素を 3 次元空間に逆投影して 3 次元点群を取得し，カメラパラメータに依存しないデータに変換してから点群処理を適用する場合もあります。

13) 一般的なカラー画像に限らず，多視点での深度画像や RGB-D 画像も多視点画像の一種と考えられます。

14) CVPR2018 で発表されてから，現在まで 4 年間。

ここで挙げた形式のほかに，最近では Implicit Function による表面形状の記述 [22, 23, 24] も注目されています。これについては，5.2 項で Implicit Neural Representation（INR）との関係として紹介します。

1.2　3次元データの取得

実世界から3次元データを取得するには，3次元計測を行います。われわれが普段3次元データとして扱うシーン・物体の多くには，光学計測による3次元計測を用います[15]。安価な光学式3次元センサのほとんどは，計測原理としてステレオ法と Time-of-Flight（ToF）を用います。以下では，この2つの手法と実世界以外の3次元データについて説明します。

ステレオ法

ステレオ法は，2つ以上の光学系の間の視差から奥行きを計算する手法です。光学系の内部パラメータ・外部パラメータは既知であるとして，異なる光学系間で画素の対応をもとに三角測量の原理を用いて3次元座標を計算することで，形状を再構成します。2つのカメラ間で三角測量を行う場合にはパッシブステレオ法，またプロジェクタとカメラの間で三角測量を行う場合にはアクティブステレオ法と呼ばれます[16]。

アクティブステレオ法では，（多くの場合複数枚の）パターン光を用いてプロジェクタのどの画素からの光線であるかをシーンに投影し，反射光をカメラで計測して適切な計算をする[17] ことで，画素の対応関係を推定します。

パッシブステレオ法の場合も，プロジェクタや光源を用いて模様を投影することで，テクスチャのない物体についてもカメラ間の画素の対応を推定しやすくする場合が多いです。Structure from Motion（SfM）や Visual Simultaneous Localization and Mapping（Visual SLAM）[18] のように，カメラ姿勢の取得と同時に3次元再構成をする場合も，3次元形状の推定にはステレオ法をベースとした手法を利用します。多視点画像から3次元形状も含めたシーン再構成を行う手法として，近年は Neural Radiance Fields（NeRF）[25] [19] も着目されています。

ToF

Time-of-Flight（ToF）は，シーンに光を投影して反射した光線が返ってくるまでの時間差から奥行きを計測する手法です。ToF は直接時間差を用いる方式である Direct ToF と，位相差を用いて間接的に距離を推定する Indirect ToF に大別されます [27]。Direct ToF は比較的高価ですが，屋外でも使える程度に外乱に強く，自動運転車に搭載されることも多い手法です。Indirect ToF は安価

[15] たとえば微小な物体の計測には接触式のプローブ，森林などの計測にはミリ波レーダー，水中でのイメージングには音波エコーというように，3次元形状を取得するための手段には，さまざまな計測方式や媒体が存在します。

[16] 両者の分類についてはいくつかの流儀があります。ここでは，どの光学系間でステレオ計測を行っているかで分類しています。

[17] 画素の対応推定のための手法としては，位相シフト法やグレイコード法などが有名です。これらの手法は，複数枚照射したパターン光について，カメラの各画素で観測された輝度の系列から，その点に到達した光線を投影したプロジェクタの画素を推定します。

[18] 本シリーズの記事 [17] などを参照。

[19] 関連文献として，[26] や本シリーズの記事 [7] なども参照。

で高い空間分解能を達成していますが，外乱光に比較的弱く，計測できる距離の範囲もそれほど広くはありません。

20) Computer-Aided Design の略。計算機内で設計を行うためのアプリケーションの総称であり，一般的には 3 次元形状を扱います。

実世界以外の 3 次元データ

　実世界データ以外に，CAD [20] データや 3D モデルなどの工業用途・CG 用途に計算機内で制作された 3 次元データ（合成データ）も存在します。たとえば ABC Dataset [28] は大規模な CAD データセットであり，さまざまな工業部品の全周 3 次元形状を収録しています。実世界で計測された 3 次元データを処理する際は，計測時のセンサ特性，ノイズの影響，隠れによって観測されない領域を考慮する必要があるのに対し，これらの合成データは多くの場合全周 3 次元形状をもっており，計測ノイズなどの影響もなく，扱いやすいデータとなっています。

1.3　3 次元点群のデータ形式

　3 次元点群を構成する各点は，その点が空間中のどこにあるかを示す情報（座標）をもっています。これは 3 次元空間中での位置なので，それぞれの点について $x = (x, y, z)$ の 3 次元ベクトルで記述できます。3 次元点群が N 個の点から構成されているとして，この 3 次元点群の各点に便宜上インデックスを与えます。すなわち，$n \in [1, N]$ 番目の点の座標を x_n とします。これらの点の集合ですので，3 次元点群 $\mathcal{P}$ は

$$\mathcal{P} = \{x_n | n \in [1, N]\}$$

として記述できます。

　想定するセンサやデータセット，シミュレーション環境などによっては，各点について座標以外の付加的な情報が付与される場合があります。RGB-D センサを用いると各点にカラー情報（RGB 値）が付与されますし，LiDAR やレーダーによって取得された点群には反射強度（intensity 値）が付与されることがあります。これらの各点に紐づいた情報は，3 次元点群をニューラルネットワークで処理する際に各点の入力特徴量として利用できます。

　点群を計算機で扱う場合，要素に順序がない集合のままでは扱いにくいため，多くの場合は先のインデックス n のように便宜上の順序をつけて，

$$P = \begin{bmatrix} x_1 \\ x_2 \\ \vdots \\ x_N \end{bmatrix}$$

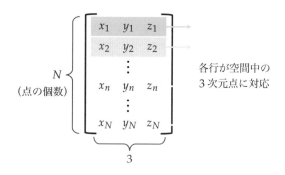

図2　典型的な行列を用いた点群の記述。N 点からなる点群は $N \times 3$ の行列で記述され，各行が点群中の各点に対応している。

のように $N \times 3$ の行列として扱います（図2を参照）。このとき，点の順序は意味がなく，単に計算機における扱いやすさのために並べていることに注意してください。このように，3次元点群は集合データであり，順不同なものとして扱う必要があります。ここに3次元点群を扱う難しさがあり，そして2次元画像とは異なる点群データ処理の面白さがあります。

1.4　点群と画像の比較

なぜ画像やボクセルはあまり集合データとして扱われず，点群は集合データであることを意識して取り扱う必要があるのでしょうか。この違いについて，画像と点群を比較しながら説明します。

図3において，画像では各画素の輝度値や RGB 値がグリッド上にみっちりと並んでいます。ボクセルでも同様に，各セルについて占有/非占有の情報や RGB 値が並んでいます。これらの情報はグリッド上に等間隔で配置されており，各軸に沿って順序付けすることができます。一方で，3次元点群は表面上の点が空間中にまばらに秩序なく配置されていて，グリッドは存在していません。したがって，2次元画像やボクセルのように順序を与えることはできないことが

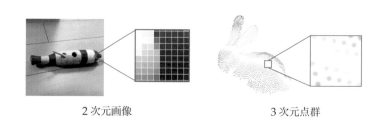

2次元画像　　　　　　　　　3次元点群

図3　2次元画像と3次元点群の比較。画像における画素がグリッド上に密に配置されるのに対し，点群では点が空間中に疎に位置する。

わかります。このような非グリッドの構造はイレギュラー（irregular）な構造とも呼ばれます[21]。グリッド上に整列していないことは，後述する畳み込みの演算に必要な近傍を考える際にも影響します。グリッド上で畳み込みを行う場合には，近傍の与え方やカーネルの設定の仕方を自然に考えることができますが，グリッドがない場合には工夫が必要です[22]。

このように扱いの難しい非グリッドな構造ですが，グリッドに縛られないことで空間解像度がグリッドの解像度に制約されないというメリットもあります。グリッド上に情報を配置するということは，空間についての情報をグリッドで量子化するとも言い換えられます。すなわち，画像やボクセルには，グリッド間隔よりも細かい空間解像度で情報を記述できないというデメリットが存在しています。画像の場合には1辺（1つの軸）の解像度の2乗の画素を考えるだけでよいため，空間解像度を上げてもそれほど問題になりませんが，ボクセルの場合には1辺の解像度の3乗のセルを考える必要があるため，高い空間解像度のデータを扱うことが難しくなります。一方，点群のような非グリッドなデータ構造の場合，各点の位置は自由な実数[23]をとることができます。データの大きさも点数のみに依存しており，グリッド間隔のような空間解像度による制約はありません。もちろん，あまりに疎な点群だと物体の形状をうまく記述できないため，ある程度の点数は必要ですが，ボクセルに比べて圧倒的に空間解像度が高いデータを扱えます。

1.5 順序同変と順序不変

点群のような順不同なデータを扱う場合，便宜上つけられた順序に意味はなく，順序を入れ替えても，同じ3次元点群を表します。このように順序を変えた場合の振る舞いを考えるためのアイデアとして，順序同変（permutation-equivariant），順序不変（permutation-invariant）という考え方があります。

まずは，順序を変えるという操作について整理しましょう。1列に並んだデータ D を考えます[24]。このデータに作用し，点の順序を並べ替える演算を $\pi_\sigma(D)$ とします。ここで，σ は並べ替え方に対応するパラメータで，何番目の要素を何番目に配置するかを示しています。N 要素の並べ替え方全体の集合を Σ_N と書くことにすると，$\sigma \in \Sigma_N$ です[25]。

順序を入れ替えても3次元点群が表す形状が変わらないということは，D が示す点群と $\pi_\sigma(D)$ が示す点群が同じ形状を示している，ということです。このような性質を少しフォーマルに整理するため，$N \times 3$ の行列で記述した3次元点群のような，1列に並んだデータを入力として，何かを出力する関数 $f(\cdot)$ を考えます。この関数が順序不変であるとは，入力されるデータの順序が変わっ

21) これに対し，グリッド上に配置されたデータ構造はレギュラー（regular）な構造と呼ばれることもあります。また，イレギュラーなデータ構造である点群であっても，3次元計測の際に得られる点間の隣接関係で整列できる場合があります。このような隣接関係を保持している構造を organized，保持していない場合には unorganized と呼ぶこともあります。

22) これについては3節で点群畳み込みについて紹介するときに詳しく述べます。

23) 実際には，計算機で扱うため，浮動小数点が扱える範囲です。

24) 先の例のように3次元点群を $N \times 3$ の行列で記述した場合には，各列が各点に対応しており，それらを行方向に並べていると考えます。

25) これらの記号は，対称群について議論する際に用いられるものを借用しています。順序を並べ替えるという操作は，数学では群論における置換群として整理されています。

26) たとえば最大値をとる演算を考えると，入力が 1, 4, 7 でも 4, 1, 7 でも 7, 1, 4 でも，7 が最大値となります。このように，入力の順序を変えても出力が同じになる操作は順序不変です。

27) この演算は便宜上の順序を取り除く操作に対応します。

28) これはデータの順序を保つ，と言い換えることもできます。

29) 数学では群論において議論されます。

ても出力が変わらないことをいいます[26]。すなわち，任意の並べ替え方 $\sigma \in \Sigma_N$ について，$f(\pi_\sigma(D)) = f(D)$ となる関数 f は順序不変です。たとえば，行列で記述されていた 3 次元点群 $P = \begin{bmatrix} x_1^\top & x_2^\top & \cdots & x_N^\top \end{bmatrix}^\top$ を，点の集合としての点群である $\mathcal{P} = \{x_1, x_2, \ldots, x_N\}$ に変換する演算は順序不変です[27]。

$N \times 3$ の行列で記述した 3 次元点群のような，1 列に並んだデータを入力として，1 列に並んだデータを出力する関数 $g(\cdot)$ を考えます。このとき，入力したデータの順序を保つ場合にこの関数が順序同変であるとは，入力されるデータの順序が変わるとそれに対応して出力の順序が変わることをいいます[28]。すなわち，任意の並べ替え方 $\sigma \in \Sigma_N$ について，$g(\pi_\sigma(D)) = \pi_\sigma(g(D))$ となる関数は順序同変です。例として，点群全体を a だけ並進させる関数 $t_a(\cdot)$ を考えてみましょう。これは，各点の座標を x から $x + a$ になるように変換する処理です。ある点 x_i と x_j に着目したとき，変換後の座標はそれぞれ $x_i + a$ と $x_j + a$ です。これらの点を処理前に入れ替えたとしても，出力される点の座標は，x_i に対応した出力の座標は $x_i + a$，また x_j に対応した出力の座標は $x_j + a$ になります。すなわち，任意の並べ替え方 $\sigma \in \Sigma_N$ について，$t(\pi_\sigma(D)) = \pi_\sigma(t(D))$ となっており，この関数 t は順序同変です。このように，点群全体を並進させる処理は，どのように点群を並べ替えたとしても，その並べ替えを適用した点群が出力されます。

少し余談になりますが，ここで扱った順序に限らず，一般に同変（equivariant），不変（invariant）という性質は，構造をもったデータに対する処理を考える際の道具として有用です。3 次元点群に関する例として，点群全体が並進したとしても演算の結果が変わらない場合には並進不変（translation-invariant），点群全体が回転したとしても演算の結果が変わらない場合には回転不変（rotation-invariant）となります。また，基準となる位置・姿勢から点群全体の剛体変換を求めるという，典型的な位置・姿勢推定の問題設定は，剛体変換同変（rigid transform-equivariant）な情報を取り出していると考えることができます。このような，順序を入れ替えたり剛体変換をしたりといった処理（作用）について，その処理の結果が演算にどのように影響するか（あるいはしないか）という視点で演算の性質を考えること[29]は，点群処理のように構造をもったデータの処理において役に立つ場合があります。

2 ニューラルネットワークによる点群処理

これまでに 3 次元点群がどのようなデータかを紹介しました。ここから，3 次元点群をニューラルネットワークで扱うための具体的な手法について紹介します[30]。

30) 本書の「フカヨミ 点群解析」にも詳細な解説がありますので，参照してください。

2.1 ニューラルネットワークによる順不同な点群の処理

PointNet [2] や Deep Sets [3] は，ニューラルネットワークによって順序不変（あるいは順序同変）な処理を行う手法です。これらの手法は点群データをそのまま入力し，順不同なデータとして順序不変なニューラルネットワークで扱うことに成功しました。これらの手法のアイデアは，点群に深層学習を適用する枠組みである点群深層学習が，2017 年以降大きく発展するきっかけになりました。

PointNet や Deep Sets が導入したアイデアは，「順序同変なニューラルネットワークと順序不変な集約を組み合わせることで，入力の順序に不変な出力となる学習可能なネットワークを設計できる」というものです。点群深層学習では，PointNet にならって順序同変なニューラルネットワークとして Shared MLP（multi-layer perceptron），順序不変な集約として Max-Pooling が用いられる場合が多いです。

Shared MLP は 1 要素ごとに重みを共有した MLP を適用するものであり，1×1 Convolution や Pointwise Convolution などと呼ばれるネットワーク構造と同じものです。図 4 のように，点群における各点の座標値など，同じ長さのベクトル（点群の場合は 3 次元）を入力とし，MLP で各点についてそれぞれ変換・出力します。このとき，すべての要素で MLP の重みを共有するた

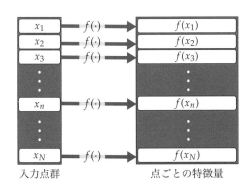

入力点群　　　　　　　点ごとの特徴量

図 4　Shared MLP による順序同変な演算。入力の順序が入れ替わったとき，それに伴って出力の順序も入れ替わる。

31) 確率的勾配降下法 (stochastic gradient descent; SGD) や Adam [29] など。

め，点の順序が入れ替わったときは，出力の順序もそれに合わせて入れ替わります。したがって，Shared MLP は順序同変な演算です。MLP の重みは，一般的なニューラルネットワークと同様に勾配ベースの方法[31]で学習できます [30]。

次に用いられるのが，順序不変な集約です。Shared MLP によって点ごとに固定長のベクトルに変換されたデータ（点ごとの特徴量）を，図 5 に示すように，特徴量のチャンネルごとに順序不変な演算で集約していきます。最大値（Max）をとる演算がよく用いられ，この場合には Max-Pooling と呼ばれます。そのほかに，総和（Sum）を用いる Sum-Pooling や，平均（Average, Mean）を用いる Average-Pooling（Mean-Pooling）が用いられます。さらに，値を大きい順（または小さい順）に並べる演算（Sort）や，ソートしたものの上位 K 個を順に選択する演算（Top-K）も順序不変です[32]（ただし，Sort や Top-K で出力されるデータは，Max-Pooling や Sum-Pooling などとは次元が異なることに注意してください）。

32) たとえば 1, 4, 7 も 4, 1, 7 も 7, 1, 4 も，大きい順に並べると 7, 4, 1 となります。このように，入力の順序を変えても出力が同じになるソート操作は順序不変です。

Shared MLP と集約（以降では，よく用いられる Max-Pooling を想定します）を組み合わせて用いる（図 6）ことで，入力される点群の便宜上の順序をどのように入れ替えても出力が変わらないニューラルネットワークを構成することができます。このようなネットワークの出力は，入力点群全体の特徴を捉えていると考えられることから，大域的特徴量（global feature）と呼ばれます。大域的特徴量は，たとえば入力された 3 次元点群が示す物体が何であるかをクラス分類する（classification）ように，点群全体からわかる情報を出力する場合に用いられます。そのほかに，単一物体の点群の剛体変換推定（姿勢推定;

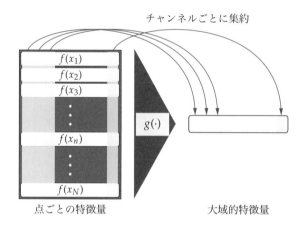

図 5　プーリングによる順序不変な集約。チャンネルごとに Max や Sum などの順序不変な演算で集約することで，点の順序が変わっても出力は同じになる。

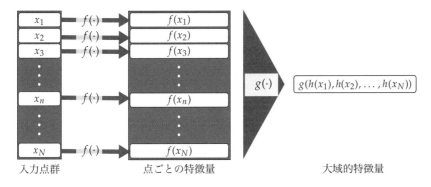

入力点群   点ごとの特徴量   大域的特徴量

図 6　Shared MLP と Max-Pooling を順に用いることで，順序不変で学習可能なニューラルネットワークを構成できる。

pose estimation）や，片面だけ観測された 3 次元点群からの物体全体の形状補完（shape completion）なども，大域的特徴量を用います。大域的特徴量を計算した後段のネットワークは，それぞれのタスクに応じて MLP などで必要としているデータ（クラス分類であればクラス尤度など）に変換し，正解データとの誤差から損失関数（ロス関数; loss function）を計算して，誤差逆伝播法によってニューラルネットワークの各パラメータについて勾配を求め，それを用いてネットワークのパラメータを更新する，という一般的なニューラルネットワークの学習を適用します [30]。

また，Shared MLP のみを用いた場合や，Shared MLP と Max-Pooling で得られた大域的特徴量を各点の特徴量と結合してから Shared MLP で変換した場合（図 7 参照），これらの出力は順序同変となります。順序同変なネットワークによって計算された特徴量は，入力される各点がそれぞれ 1 対 1 に紐づいています。したがって，このような特徴量は，点ごとの特徴量（point feature; point-wise feature）と呼ばれます。点ごとの特徴量は，各点について何かの情報（たとえばセマンティックセグメンテーションであれば，その点が属する物体のクラス）を出力する場合に用いられます。こちらも後段のネットワークをタスクに合わせて構築することで，一般的なニューラルネットワークの枠組みで学習できます。

2.2　PointNet のネットワーク構造

これまでに述べた Shared MLP と Max-Pooling による順序不変なネットワーク構造に加えて，PointNet [2] は Spatial Transformer Networks（STN）[31] を用いて点群全体（あるいは点群から得られた特徴量全体）に線形変換を適用する機構をもっています[33]。

33) 名前は少し似ていますが，これは Attention is All you Need [32] で提案された Transformer とは関係ありません。

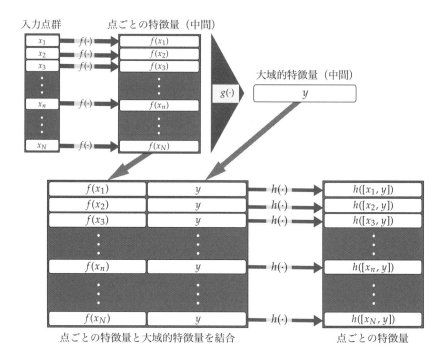

入力点群　　　　　点ごとの特徴量（中間）

図7　大域的特徴量を反映した点ごとの特徴量を構成するネットワークの例。PointNet [2] におけるセマンティックセグメンテーション用のネットワークなどで用いられている。いったん Shared MLP と Max-Pooling で大域的特徴量を計算して，Shared MLP が出力した点ごとの特徴量と大域的特徴量を点ごとにそれぞれ結合（この処理も順序同変）した後に，改めて Shared MLP で変換する。これにより，点群全体の特徴を捉えた上でそれぞれの点がどのようであるかを学習することを期待できる。

STN は，入力画像に応じた幾何変換を入力画像に適用してから後段のネットワークの入力とする機構であり，入力画像に適用された幾何変換を打ち消すように学習することが期待されます。PointNet での STN は，入力された座標値（あるいは点ごとの特徴量）に Shared MLP と Max-Pooling を適用して大域的特徴量を計算し，これを MLP で線形変換のパラメータに変換して用います。PointNet においては，3×3 の単位行列[34]にネットワークの出力を足し合わせ，3 次元回転を記述して入力点群を変換します[35]（この構成は，単位行列からの差分だけをネットワークが出力することで STN の学習をしやすくすることを意図していると思われます[36]）。また，姿勢変化に対する汎化性能を得るため，PointNet では入力点群にランダムな Z 軸周りの回転を適用し，データ拡張（data augmentation）を行います。

さらに，PointNet では，特徴量空間でも STN に相当するネットワークを再度適用し，特徴量全体を線形変換する処理を行います。この変換をしても，特徴量

[34] 単位行列を掛けても各点の座標は変化しないため，これは無回転を意味します。

[35] $N \times 3$ の行列で記述した 3 次元点群の場合，右から回転行列を転置した行列を掛けることで実現できます。

[36] ただし，PointNet では比較・検証はなされていません。また，このように構成された線形変換は回転行列になっている保証はありません。

空間が潰れず（ランク落ちせず），特徴量のスケールも大きく変わらないことが望ましいため，行列によって与えられる変換が正規直交になると都合が良いです。このため，STN が出力する変換行列を A としたときに $L_{\mathrm{reg.}} = \|I - AA^\top\|_F^2$ によって与えられるロス関数 $L_{\mathrm{reg.}}$ を用いることで，A が正規直交に近くなることを期待します[37]。

　PointNet の全体像を図 8 に示します。上段はクラス分類に用いるネットワークであり，3 次元点群を入力として大域的特徴量を経由してクラス尤度を推定します。下段はセマンティックセグメンテーションに用いるネットワークであり，途中（大域的特徴量を得る箇所）までは上段と共通です。点ごとの特徴量と大域的特徴量を結合し Shared MLP を適用することで，点群全体の情報を反映した点ごとの特徴量を得ることができます。点ごとの特徴量から各点のクラス尤度を推定し，その点が属する物体のセマンティックラベルを推定することで，セマンティックセグメンテーションを実現します。図中，赤枠で示した箇所が STN であり，入力点群に適用した Input Transform と特徴量空間で適用した Feature Transform が差し込まれています。

37) ここでのノルム $\|\cdot\|_F$ はフロベニウスノルムで，行列の各要素の 2 乗和のルートで与えられます。

3　3 次元点群の畳み込み

　前述した PointNet は，順不同な 3 次元点群をニューラルネットワークで扱うためのアイデアを提案しましたが，音声・テキストなどの 1 次元シーケンスや 2 次元画像でニューラルネットワークが大きな成功を収めたきっかけである「畳み込み」を 3 次元点群上で行う手法については提案しませんでした。一方で，畳み込みによって得られる並進同変な特徴量（局所特徴量）の抽出が点群処理にも有効と思われたため[38]，PointNet の提案以降，さまざまな点群畳み込み手法が提案されるに至りました。

3.1　2 次元画像における畳み込みのまとめ

　点群畳み込みについて紹介するにあたり，初めに馴染み深いであろう 2 次元画像の畳み込みについて整理しましょう[39]。図 9 に示す例で説明します。この例では A, E, F という文字の一部のパターンに着目したときに，E と F の左上部分の形状[40]は同じであることが，畳み込みを用いることで特徴として抽出できます。このときに行われる計算について，順を追って見てみます。

　初めに図 10 のように，着目点の座標を x，その点での入力特徴量を $f[x]$ とします[41]。また，その着目点から周辺の領域に含まれる画素への差分ベクトル Δx を集めた集合を A とします。次に，畳み込みにおける学習可能なパラメー

38) ニューラルネットワークが用いられる以前から，点群処理において局所形状特徴量（SHOT [33] や FPFH [34]，PPF [35] など）を利用した手法が提案されていました。
39) 本稿では，画像をニューラルネットワークで処理する方法については扱いません。2 次元の畳み込みについての詳細は書籍 [30] などを参照してください。
40) この場合は画像なので，輝度値を 2 次元に並べたものです。
41) 本稿では離散グリッド上で値を引数とするときに [·] を用いることとします。

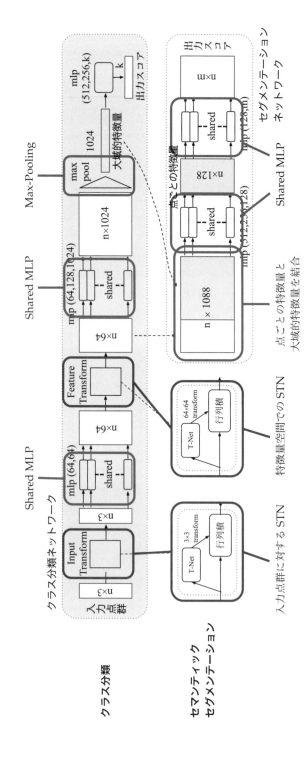

図 8 PointNet [2] のネットワークの全体構造（[2] より引用し改変・翻訳）。上段はクラス分類に用いるネットワークで，下段はセマンティックセグメンテーションに用いるネットワークである。これまでに解説した Shared MLP と Max-Pooling を基本にしており，STN を 2 回差し込んだネットワーク構造となっている。

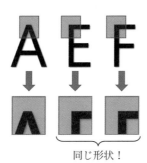

同じ形状！

図 9　画像における畳み込みでパターンを抽出する例。この例では，EとFの
左上部分の形状が同じで，A の上部分とは異なることを抽出できる。

x：着目点
$f[x]$：着目点の入力特徴量

A：着目点周辺の領域

図 10　2 次元画像の畳み込みにおける，着目点 x，その点での入力特徴量 $f[x]$，
ある着目点周辺の領域 A についての模式図。

$k[\Delta x]$：Δx でのカーネルの値
Δx：カーネル内での相対座標

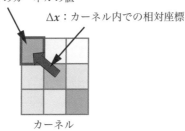

カーネル

図 11　2 次元画像の畳み込みにおける，カーネルの基準点からの相対座標 Δx
とカーネル $k[\Delta x]$ の模式図。

タとなるカーネルを考えます。図 11 のように，カーネル $k[\Delta x]$ をカーネルの
基準点から Δx だけずれた点での値とします。このとき，2 次元画像での畳み
込みの演算は，要素ごとの積を計算する演算（アダマール積）を $\otimes$ とすると，

$$\sum_{\Delta x \in A} f[x + \Delta x] \otimes k[\Delta x]$$

として記述できます[42]。この演算を模式的に示したものが図 12 です。要する
に，「着目点周辺の領域について，入力特徴量とカーネルを重ね合わせて同じ位
置に重畳した要素について掛け合わせ，それらをすべて足し合わせるという演

[42] この演算は正しくは相互相
関であり，本来の畳み込みと
は若干異なります（カーネル
が原点について対称な形状の
とき，反転したパターンにな
る）が，深層学習における畳み
込みの場合には混同して用い
られることが多く，ここでも，
重畳して掛け合わせて足し合
わせるという定式化を採用し
ました。

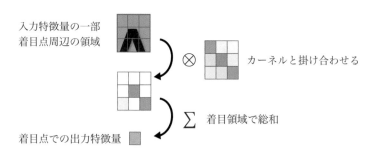

入力特徴量の一部
着目点周辺の領域

カーネルと掛け合わせる

着目領域で総和

着目点での出力特徴量

図 12　2 次元画像の畳み込みの計算の模式図。着目点周辺で入力特徴量とカーネルを重ね合わせて要素ごとに掛け合わせてから足し合わせる。

算」が畳み込みです。このような演算は，入力画像（と特徴量）が並進したとしても，同じだけ出力特徴量も並進するため，並進同変な処理となります。

　2 次元画像における畳み込みニューラルネットワークは，入力特徴量に重畳するカーネル $k\,[\Delta x]$ を学習可能なパラメータとすることで，勾配ベースの最適化でカーネルを学習できるように設計されています。

3.2　3 次元点群への拡張

　それでは，畳み込みを 3 次元点群に拡張しましょう。畳み込みの演算を一般化して点群に対応するように書き直すと，

$$\operatorname*{Agg}_{\Delta x \in A(x)} f(x + \Delta x) \otimes k(\Delta x)$$

となります[43]。着目点周辺の領域 $A(x)$ は着目点 x に応じて変わる可能性があるため，x を引数としてとります。また，各点に対応する入力特徴量 $f(x)$ と着目点周辺の領域の各点に対応するカーネル $k(\Delta x)$ は，必ずしもグリッド上に存在しません[44]。これは，入力される各点の座標がグリッド上に整列しているとは限らないためです。さらに，集約する方法が総和（$\sum$）とは限らないため，一般化して Agg としています。このような微差はありますが，大まかには 2 次元画像の畳み込みと同じように重畳して掛け合わせてから集約するという操作になっていることがわかります[45]。

　2 次元画像ではグリッド上にデータが並んでいたことから，畳み込みを構成する各要素が自然に設計できました[46]。しかしながら，点群の場合には，

- 近傍 $A(x)$ をどう決めるか
- どう集約するか（Agg をどうするか）
- カーネルをどう決めるか（どう学習可能にするか）

[43] さらに一般化して，近傍領域について順序同変な何らかの変換を行ってから集約する，と抽象化することも考えられます。この場合にはカーネルが明示的に現れず，さらに一般には並進同変性も失われるため，本稿では上式までの一般化に留めます。もちろん，この範囲でも多くの点群畳み込み手法を理解・整理できます。

[44] そのため (·) で記載しています。

[45] この畳み込みの計算の別の捉え方として，着目点 x を中心とした相対座標 Δx を入力として（すなわち着目点が原点になるよう並進してから），相対座標に応じた重みを出力しているのが，カーネル関数 $k(\Delta x)$ であるとも見なせます。これは重畳するときの基準をどちらと捉えるかの違いにすぎませんが，こちらの発想のほうが計算内容をイメージしやすい場合もあります。

[46] 画像においても，Deformable Convolution [36] のように非グリッドな畳み込みを行う例もあります。

を設計する必要があります。以下の3項にわたり，近傍のとり方と集約方法について
よく用いられる手法を紹介した後，カーネルの設計と合わせて，いくつ
かの点群畳み込み手法を紹介します。カーネルの設計は点群畳み込みの設計の
核であり，多彩な手法が提案されています。

3.3　近傍領域の設定

　点群畳み込みにおける近傍の設定は，多くの場合 k-Nearest Neighbors（kNN）
か radius-Neighbors で設定します。kNN は図 13 のように，着目点から近い
順に k 個の点を選択して近傍点群とします。radius-Neighbors は図 14 のよう
に，着目点から半径 r の球の内部の点（すなわち着目点から距離が r 以内の点）
を選択して近傍点群とします。ここでの k や r は，カーネルの大きさや要素数
を決定するパラメータです[47]。

　kNN を用いた場合，近傍として選択される点数がいつでも同じになるため，
どの着目点についても固定長のデータとして扱うことができ，さらに点数のば
らつきを気にせずに集約を行えるため実装上扱いが楽です。一方，kNN のデメ
リットとして，近傍として選択される点が存在する領域の実スケールでの大き
さが，点の密度に依存して変化してしまいます。したがって，位置によって点

[47] 2 次元畳み込みにおける
カーネルサイズに対応します。

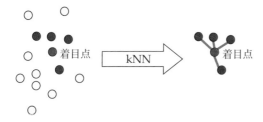

図 13　k-Nearest Neighbors（kNN）による近傍の定義の模式図。着目点から
近い順に k 点（ここでは $k = 4$）が選択される。

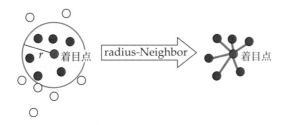

図 14　radius-Neighbors による近傍の定義の模式図。着目点から距離 r 以内
の点が選択される。

の密度がばらついている場合[48] には，この近傍領域の大きさのばらつきが激しく，カーネルの学習を困難にすることがあります。

radius-Neighbors では逆に，どの箇所においても近傍領域の大きさが一定であるため，入力点群の密度に依存しないカーネルの設定ができるというメリットがあります。しかし，各点の近傍の点数がばらつくため，集約に気をつける必要がある上に，計算方法にも工夫が必要になります。

実際の実装では，kNN, radius-Neighbors ともに，点群中のすべての2点の組み合わせの間の距離をまとめた距離行列を計算する場合が多いです[49]。距離行列を求めてから各点について Top-K（値が小さい上位 k 個を取り出す）を求めることで，kNN による近傍点を選択できます。また，距離行列上で半径 r よりも距離の近い点を選択すると，radius-Neighbors による近傍点を選択できます。ただし，radius-Neighbors をこのように純粋に実装したとき，最悪のケース，すなわち，設定した r に対して点群が小さく，どの点との距離も r 以内になってしまう場合は，着目点ごとの近傍点群として点群全体が選択されることになってしまい，結果として計算リソースを大きく消費し，メモリ不足や計算時間の大幅な増加を招きます。これを避けるため，実際の radius-Neighbors の実装では，初めに近傍点数の最大値 k を設定し，kNN であらかじめ近傍点候補を絞り込んでからその中で各点との距離を計算し，r よりも離れている点を除外する，という処理を行う実装例が多いです。この実装では，最悪でも各点について k 点以内の近傍点しか選択されないため，計算時間や必要な計算リソースを見積もりやすくなります。

このほかに，世界座標系での各軸に沿って近傍領域を設定したり [38]，平面に投影した上で近傍領域を設定したり [39] する方法もあります。これらの近傍領域の設定は，グリッド構造における畳み込みの際の発想に近く，うまく局所的に着目・投影することでグリッド構造を導入しているとも考えられます。

49) kD 木を利用した効率的な
近傍探索などを行うこともで
きますが，深層学習フレーム
ワーク上での実装のしやすさ
に加え，点群に対して一度の
計算で済むため，畳み込みなど
に比べると計算コストが小さ
いことから，多くの実装例が
距離行列の計算を GPU 上で
行っています。DGCNN [37]
のように，特徴量空間での距
離に基づく近傍を設定する場
合には，入力データに応じて
動的に各レイヤーで想定する
近傍が変化するため，あらか
じめ計算しておくことができ
ず，やはり GPU 上で距離行列
を計算することになります。

3.4　特徴量の集約

近傍領域の各点について，カーネルと掛け合わせた後に集約する操作が必要になります。PointNet での議論と同様，近傍点群は近傍点の集合ですので，各点に順序はありません[50]。したがって，集約は順序不変な操作が望ましく，総和による Sum-Pooling や最大値による Max-Pooling，平均による Average-Pooling（Mean-Pooling）などが用いられます。

本来の畳み込みと近い計算になるため，自然な発想で Sum-Pooling を用いることが考えられますが，近傍点の個数に依存した演算になるため，radius-Neighbors による近傍設定などとは相性が悪いことに注意が必要です。対照

的に，Max-Pooling や Average-Pooling（Mean-Pooling）は，点数が増えたとしても出力される値の範囲が大きく変わることがないため[51]，近傍点の個数に変動がある場合には，これらの集約手法を用いることが望ましいと考えられます。

ただし，これは Sum-Pooling が常に良くないということではありません。たとえば点の密度を予測するような問題を考えると，近傍領域内の点の数が直接予測に影響することが予想されます。このような場合には，むしろ近傍点数を直接的に反映する Sum-Pooling のほうが良いかもしれません。

3.5　さまざまな点群畳み込み手法

それではカーネルの設計と合わせて，これまで提案された種々の点群畳み込み手法を紹介します。

PointNet++

PointNet++ [40] は，PointNet [2] の著者らが提案した，点群畳み込みを組み込んだネットワークです（図 15 を参照）。点群をサブサンプリングして畳み込みを行う着目点を決める Sampling Layer [52]，近傍点群を設定する Grouping Layer，特徴量を計算する PointNet Layer からなる構造となっています。Grouping Layer では，単純に集約する SSG（single-scale grouping）だけではなく，MSG（multi-scale grouping）と MRG（multi-resolution grouping）が提案されています。これらは複数の領域に関して集約された特徴量を結合して用いるため，単に近傍点群で集約してしまうよりも近傍関係を細かく反映した特徴量を計算することが期待できます。また，畳み込み・集約の際にも，距離の逆数に応じた重みを適用して，着目点に近い点の特徴量を重視するように設計されています。点群畳み込みを行いつつ，大域的特徴量に集約，あるいはボトルネック構造で点ごとの特徴量を計算し，クラス分類やセマンティックセグメンテーションに利用します。

Parametric Continuous Convolution

Parametric Continuous Convolution [41] は，本稿で紹介した点群畳み込みのアイデアを素直に実装した手法です。畳み込みのカーネルを，相対座標を入力とした MLP で実装することで学習可能にします。カーネルで重みをつけて Sum-Pooling を行うという 2 次元画像での畳み込みを，忠実に非グリッド構造に拡張しています。

[51] たとえば 2, 4, 3, 1 というデータがあったとして，初めから順にデータが増えていったとすると，Sum-Pooling ではデータが 1 つのときは 2，2 つのときは 6，3 つのときは 9，4 つのときは 10 となります。Max-Pooling ではそれぞれ 2, 4, 4, 4，Average-Pooling（Mean-Pooling）ではそれぞれ 2, 3, 3, 2.5 となり，Sum-Pooling だけ，明らかにデータ数によって値が大きくなっていることがわかります。これは，データ点数による正規化を行っていないことに起因し，近傍の大きさが固定されていた 2 次元での畳み込みでは生じない問題ですが，近傍領域を動的に設定すると，問題になり得ます。

[52] サブサンプリングについては 3.6 項で説明します。

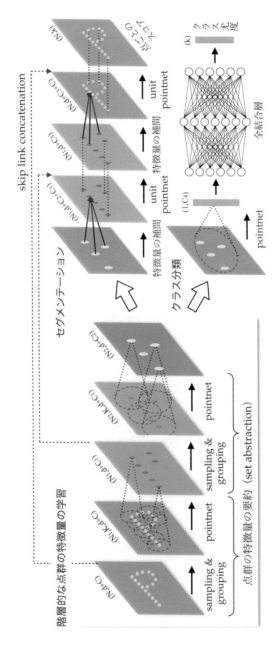

図 15　PointNet++ [40] のネットワーク構造（[40] より引用し翻訳）。局所点群ごとに点群畳み込みを行うことで，局所形状の特徴を抽出する。また，セマンティックセグメンテーションのように各点の特徴量を用いる場合，スキップ接続を伴って段階的に点群密度を小さくしてから元の解像度に戻すボトルネック構造のネットワークにすることで，効率良く広い範囲の点群の情報を各点に伝播することができる。クラス分類のように大域的特徴量を用いる場合には，Global Pooling によって点群全体の特徴量に集約してから全結合ネットワークで処理し，クラス尤度を推定する。

SpiderConv

SpiderCNN [42] で提案された SpiderConv は，学習可能なパラメータをうまく限定した点群畳み込み手法です。近傍点を kNN で選択する際に，着目点からの距離による順序を導入できることを利用し，順序に応じた重みを学習可能なパラメータとします。さらに，相対位置の各軸（x, y, z の各成分）を組み合わせた 0 次式（定数項）から 3 次式までの項を学習可能な重みをつけて足し合わせ，順序に応じた重みと掛け合わせたものをカーネルとして用います。集約には Top-K-Pooling を用い，Max-Pooling よりも多くの要素を次の層に残します。

Pointwise Convolution

Pointwise Convolution [38] は，着目点ごとにその近傍でボクセルグリッドを設定して，それぞれのセルに学習可能な重みを設定し，セルごとの特徴量と重みを掛けてから足し合わせるという点群畳み込み手法です。図 16 のように，ボクセルグリッドは世界座標系での各軸に沿って区切ります。各セル中に複数の点が含まれる場合には，それらの特徴量の平均でセルの特徴量を代表します。これによってカーネルのセル数が一定として扱えるため，Sum-Pooling で集約しやすくなります。

PointPillars

PointPillars [39] は，車載 LiDAR によって取得された 3 次元点群から高速に車・人物などの物体検出を行う手法です。車載 LiDAR を想定しているため，計測された点群は地面方向が既知であるとして扱うことができます。図 17 のように，PointPillars では，地面に垂直な柱状領域ごとに各点の座標に関する特徴量を計算してから，Shared MLP と Max-Pooling で集約して，地面に張り付い

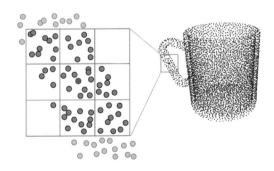

図 16　Pointwise Convolution [38] の畳み込みにおけるボクセルグリッド（[38] より引用）。

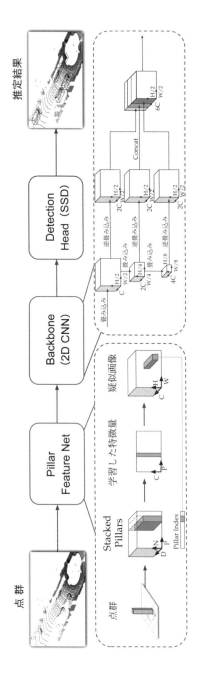

図17 PointPillars [39] のネットワーク構造 ([39] より引用し翻訳)。入力された3次元点群を鳥瞰図 (BEV) と見なし、高さの情報を含めて柱状領域で特徴量を集約・疑似画像に変換する。その後2次元の畳み込みニューラルネットワークを通してからSSDによる物体検出を行い、3次元のバウンディングボックスを推定する。

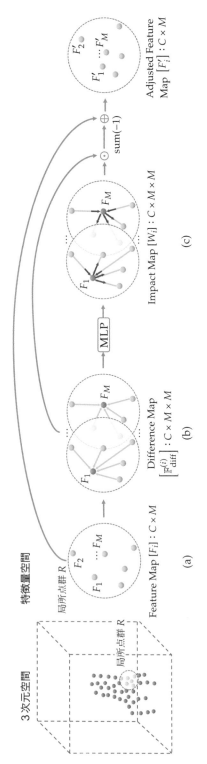

図19 Adaptive Feature Adjustment (AFA) Module [45] の畳み込み ([45] より引用し翻訳)。近傍点との特徴量の差をMLPで変換し、畳み込みにおいて各点からの特徴量をどの程度反映させるかを求めるネットワーク構造となっている。

た疑似画像[53] に変換し，一般的な2次元画像を扱う畳み込みニューラルネットワーク[54] で特徴抽出・物体検出を行います。このように，カメラの設置方法についての事前知識がある場合，それを利用して効率良く点群処理を行えることがあります。

53) 鳥瞰図（bird's-eye view; BEV）と呼ばれます。
54) PointPillars では，Single Shot MultiBox Detector (SSD) [43] を用います。

ShellConv

ShellNet [44] で提案された ShellConv は，軽量ながら性能の高い点群畳み込み手法です。図18のように，着目点からの距離で離散に区切った領域（Shell）ごとに特徴量を Max-Pooling し，各領域の特徴量を求めてから，半径方向に各領域を並べた列に対して1次元畳み込みを行います。3次元点群を想定した領域の区切り方の工夫により，並進・回転不変な畳み込みとなっています。

Adaptive Feature Adjustment（AFA）

PointWeb [45] で提案された Adaptive Feature Adjustment（AFA）Module は，近傍点について，その特徴量の差分から特徴量空間での差分ベクトルを計算して，入力特徴量にその重み付き和を足し合わせることで出力特徴量を計算し，近傍の情報を着目点に反映させます。このときの重みは，着目点と近傍点の入力特徴量を MLP で変換して求めます。このように，AFA Module は，近傍の特徴量と着目点の特徴量がどう違うかに応じて，特徴量の更新を行います（図19）。PointWeb としては，この AFA Module に加えて Shared MLP を適用し，点群密度を下げた着目点群において Max-Pooling を行い，粗い点群に特徴量を集約する Set Abstraction と，逆に密度の高い点群に特徴量を伝播させる

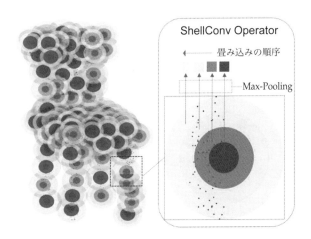

図 18　ShellConv [44] の畳み込み（[44] より引用し翻訳）。

Feature Propagation を利用してボトルネック構造のあるネットワークを構成し，各点での特徴量を計算します。

EdgeConv

Dynamic Graph CNN（DGCNN）[37] が提案する EdgeConv は，近傍グラフを意識したネットワーク構造となっています。その大きな特徴は，kNN による近傍の選択を各レイヤーの入力特徴量空間で行うことです。これにより，物理的な座標が近いかどうかにかかわらず，特徴量の近い点どうしが畳み込まれることになります。畳み込みの演算もカーネルと掛け合わせるわけではなく，着目点と近傍の各点について両方の入力特徴量を MLP で変換してから，近傍の各点に対応した特徴量（edge feature）を集約することで畳み込みを行います（図 20）。

PointMLP

55) MLP Mixer [47] など。

PointMLP [46] は，Residual 接続と Shared MLP を利用した近年の手法[55]のアイデアを点群処理に利用します。局所点群の各点に対応した入力特徴量に対して学習可能なアフィン変換を行ってから，各点について MLP で変換し，Max-Pooling してからさらに MLP で変換します（図 21）。このとき各 MLP には Residual 接続を採用します。高速な推論と高い性能を同時に実現しており，本稿の執筆時点では優れた手法となっています。

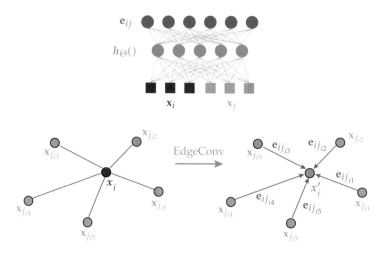

図 20　DGCNN [37] が提案する EdgeConv による畳み込み（[37] より引用）。着目点 x_i とその近傍各点 $x_{j_{i1}}, x_{j_{i2}}, x_{j_{i3}}, x_{j_{i4}}, x_{j_{i5}}$ について，MLP で特徴量を変換して近傍各点に対応した特徴量 $e_{ij_{i1}}, e_{ij_{i2}}, e_{ij_{i3}}, e_{ij_{i4}}, e_{ij_{i5}}$ を計算し，着目点に集約して出力特徴量 x_i' を得る。

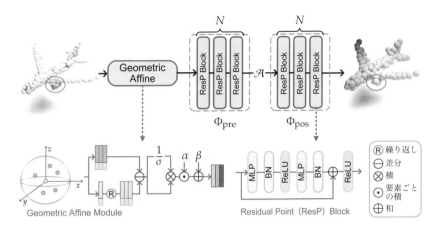

図21　PointMLP [46] の畳み込み ([46] より引用し翻訳)。学習可能なパラメータで局所点群をアフィン変換してから各点を MLP で変換し，近傍点について集約後に MLP でさらに変換して着目点に関する出力特徴量とする。

さまざまな点群畳み込み手法の比較

ここまでで紹介した点群畳み込み手法以外も含め，筆者が確認した範囲の点群畳み込み手法（ここでは狭義の畳み込みに限らず，一般に局所形状特徴の抽出手法も含む）を表1にまとめます。2次元画像における特徴抽出用のネットワーク[56]と同様に，点群畳み込みはより軽量でリッチな特徴抽出を目指して，さまざまな手法の開発が進められています。最近では，Transformer [32] や MLP-Mixer などの MLP 系の手法 [47] のような，いわゆる「畳み込み」ではない形式のネットワークを参考にした手法が点群処理においても着目されており，実際に高い性能を実現しています[57]。

実際に点群畳み込みをアプリケーションに用いる場合には，まずはライブラリに実装されている畳み込みでメジャーなもの（PointNet++ [40] や EdgeConv [37] など）を試してみて，特徴抽出の性能が足りない場合には，より新しく高性能な手法（PointMLP [46] など）を試すことをお勧めします。

3.6　サブサンプリング

PointNet++ [40] に代表されるように，点群畳み込みと合わせて，点群密度を段階的に下げることによって各点が情報を集約した領域を大きくする[58]ネットワーク構造が数多く提案されています。同様に，一度点群密度を下げてから元の点群密度まで戻す[59]ネットワーク構造にすることで，広い領域の局所特徴量をうまく扱えるようにするネットワークも設計されています。

56) しばしば Backbone と呼ばれます。

57) これらのネットワークと点群を処理するネットワークとの関係については，3.7 項で簡単に紹介します。

58) 2 次元の CNN でピラミッド構造によって受容野（receptive field）を段階的に大きくすることに対応します。

59) 2 次元の CNN におけるボトルネック構造に対応します。

表1 点群畳み込み手法の例。カーネルについての重み付き和ではなく単に MLP で特徴量を変換している場合も，便宜上「カーネル」欄に MLP と記載している。

手法名	近傍	カーネル	集約
PointNet++ [40]	radius-Neighbors（kNN とも比較，検討）	距離の逆数に応じた重み	（重み付き）Average-Pooling
Parametric Continuous Convolution [41]	kNN	MLP	Sum-Pooling
Flex-convolution [48]	kNN	相対座標のアフィン変換	Sum-Pooling
SpiderConv [42]	kNN	着目点との距離に応じた重みと 3 次式の重みの積	Top-K-Pooling
Pointwise Convolution [38]	着目点でのボクセルグリッド	ボクセルカーネル，セルごとに特徴量を平均	Sum-Pooling
Tangent Convolution [49]	radius-Neighbors	接平面上に投影・補間してから畳み込み	Sum-Pooling
PointPillars [39]	BEV で 2 次元に投影した矩形領域	BEV でのグリッド	BEV 上では Sum-Pooling
Annular Convolution [50]	点群上で kNN，リング上で一定角度	接平面に投影し，一定距離ごとに区切って，それぞれ 1 次元畳み込み	1 次元畳み込みでは Sum-Pooling，リング上では Max-Pooling
ShellConv [44]	radius-Neighbors	1 次元畳み込み	点群から Shell には Max-Pooling，1 次元畳み込みでは Sum-Pooling
AFA Module [45]	kNN	特徴量の差分について MLP	特徴量の差分について Sum-Pooling
EdgeConv [37]	kNN（特徴量空間）	MLP	Max-Pooling
PointMLP [46]	kNN	アフィン変換	Max-Pooling
PointGrid [51]	ボクセルグリッド	ボクセルカーネル，セルごとに点数が一定になるようサンプリング	Sum-Pooling
ECC [52]	kNN	MLP	Average-Pooling (+bias)
Submanifold Sparse Convolution [10]	ボクセルグリッド	ボクセルカーネル	Sum-Pooling
KCNet [53]	kNN	Point-set Kernel	Max-Pooling
χ-Conv [54]	kNN	MLP でグリッド上に再配置して畳み込み	Sum-Pooling
MC Convolution [55]	radius-Neighbors	MLP	モンテカルロ積分
ShapeContextNet [56]	radius-Neighbors	なし	Sum-Pooling
Attentional ShapeContextNet [56]	radius-Neighbors	MLP	（重み付き）Average-Pooling + Softmax
PointSIFT [57]	領域ごとの最近傍	ボクセルカーネル	Sum-Pooling
PCNN [58]	サンプリング＋ボクセルグリッド	複数の RBF カーネル	Sum-Pooling

表 1 点群畳み込み手法の例（つづき）

手法名	近傍	カーネル	集約
Group Shuffle Attention [59]	kNN	MLP	（重み付き）Average-Pooling + Softmax
Deformable Filter Convolution [60]	kNN とボクセルグリッド	ボクセル上のパラメータのトリリニア補間, ガウスカーネル, MLP の積	Sum-Pooling
Spherical Fractal Convolutional [61]	離散化した球面上での近傍	MLP	Max-Pooling
Blended Convolution and Synthesis [62]	特徴量を球に投影した空間のグリッド	グリッドカーネル	Sum-Pooling
D-Conv [63]	領域ごとの kNN	ボクセルカーネル	Sum-Pooling
SPH3D-GCN [64]	radius-Neighbors	グリッドカーネル	Sum-Pooling
DensePoint [65]	radius-Neighbors＋ランダムサンプリング	なし	Max-Pooling
D-Conv [66]	kNN	MLP と密度に応じた重みの掛け合わせ	Sum-Pooling
VFE [67]	ボクセルグリッド	MLP	Max-Pooling
FPConv [68]	radius-Neighbors	学習可能な投影と 2 次元での畳み込み	Sum-Pooling
PosPool [69]	radius-Neighbors	座標差	（重み付き）Average-Pooling
ADConv [70]	kNN	Shared MLP + Softmax	（重み付き）Average-Pooling
BCL [71]	Permutohedral Lattice 上でのグリッド	Permutohedral Lattice 上でのグリッドカーネル	Sum-Pooling
Region Relation Convolution [72]	kNN	Shared MLP	Sum-Pooling
PAConv [73]	kNN	Shared MLP で係数推定し, Weight Bank を足し合わせ	Max-Pooling
SPConv [74]	radius-Neighbors	距離に応じたガウスカーネルとチャンネルの係数行列	Sum-Pooling
SEG Module [75]	radius-Neighbors	グラム行列をソートし特徴量と結合後 Shared MLP	（重み付き）Average-Pooling
SqueezeSegV3 [76]	球投影しグリッド	グリッドカーネル	Sum-Pooling
3DmFV-Net [77]	3DmFV に変換しボクセルグリッド	グリッドカーネル	Sum-Pooling
DRNet [78]	ADPG	MLP	Max-Pooling
PointTransformer [79]	kNN	MLP	Sum-Pooling

これらのネットワーク構造を実現するには，点群密度を下げるサブサンプリングという操作が必要になります。サブサンプリングとは，「点の集合から一部の要素だけを抽出することで，含まれる点の個数を減らす操作」です。3次元点群でサブサンプリングを行うと，点群が位置している空間は同じままで点の個数が少なくなるため，結果として点の密度が小さくなります。

　2次元画像の場合には，グリッド構造に従ってプーリングすることによって，自然なサブサンプリング・集約が実現できるのに対し，これまでに述べたように，3次元点群にはグリッド構造がないため，サブサンプリング手法にも工夫が必要です。

　階層的な特徴量の集約のためだけではなく，入力点群の点群密度が高すぎる場合にほど良く密度を下げる方法としても，サブサンプリングが用いられます。

　点群深層学習において最もよく用いられているサブサンプリング手法は Farthest Point Sampling（FPS）ですが，ほかにもいくつかサブサンプリング手法が利用できるので，FPS も含めて，ここで簡単に紹介します。実際に点群処理ネットワークを設計する際は，まず FPS を試してから，目的に応じて計算コストと性能のバランスが良い手法を選択することになります。

Farthest Point Sampling（FPS）

　FPS は，PointNet [2] や PointNet++ [40] を含め，広く用いられている点群のサブサンプリング手法です。点群の概形を保ったまま点群密度を小さくすることを目的としており，図22のように，初めにランダムな1点を選択してから，目標とする点数になるまで，すでに選択された点群からの距離が最も遠い点を逐次選択していきます。ナイーブに実装する場合には距離行列の計算が必要ですが，これは点群畳み込みでの近傍探索と同程度の計算量なので，計算時間に厳しい制約がある場合以外には問題になりません。また，後述のボクセルグリッドサンプリングとは異なり，出力点群の空間密度は選択する点数や入力

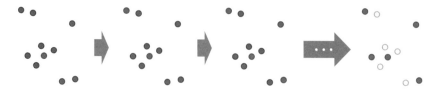

●：選択された点　●：候補点（入力点群）

図 22　Farthest Point Sampling（FPS）の手続きの模式図。入力点群を候補点として，すでに選択された点群からの距離が最も遠い点を順次選択していくことで，サブサンプリングを行う。

点群の空間分布に依存します。

FPS を計測された点群に直接適用すると，主となる点群から離れた位置にノイズとして現れた点を必ず選択してしまうため，ノイズを含む実計測点群に適用する場合には，事前に適切なノイズ点除去を行う必要があります[60]。

ボクセルグリッドサンプリング

3次元点群を扱うためのライブラリ Point Cloud Library（PCL）[80] で実装され，深層学習以前の点群処理でもよく用いられていたサブサンプリング手法です[61]。3次元空間をボクセルグリッドで区切り，各領域に点があれば領域内の点群の重心座標を出力することで，サブサンプリングを行います。FPS と比較して計算が軽く，かつ並列化も容易ですが，点数を指定したサンプリングができないため，深層学習と一緒にはあまり用いられていません。一方で，空間密度の変動がない点群になるため，点群密度が一定という仮定を置くハンドクラフトな点群の局所特徴量とは相性が良いサブサンプリング手法です。

ランダムサンプリング

ランダムサンプリングは，入力点群からランダムに点を選択し，サブサンプリングを行う手法です。シンプルで高速な処理が可能ですが，点の空間密度に偏りが生じたり，概形を適切に反映しない点群になる可能性があります。ただし，ShellNet [44] を用いた場合の事例として，サブサンプリングがランダムであっても性能に大きな影響はないことが示されています。高速な点群処理が必要でサブサンプリングにかかる処理時間がボトルネックになる場合には，ランダムサンプリングの適用も候補となり得ます。

Inverse Density Importance Sub-Sampling（IDISS）

Flex-convolution [48] は，大規模な点群に対して効率良くサブサンプリングを行うための手法として，Inverse Density Importance Sub-Sampling（IDISS）を提案しています。IDISS では，各点の近傍が kNN により計算されていることを前提として，近傍点までの距離の総和によってその点の周囲の密度を見積もり，それに応じた確率でランダムにサンプリングを行います（図23）。これにより，大まかな形状を保ったまま点の密度を下げることができます。

SampleNet

SampleNet [83] は，微分可能で学習できるサンプリング手法を提案しています[62]。SampleNet では，入力点群に Shared MLP と Max-Pooling を適用して，

[60] このような離れた位置に現れるノイズ点は，たとえば Point Cloud Library（PCL）[80] や Open3D [81], MATLAB などに実装されている Statistical Outlier Removal [82] を用いることで，ある程度取り除くことができます。

[61] 深層学習を用いた手法でも，たとえば SPLATNet [71] などで利用されています。

[62] この手法は，入力点群に含まれない点が処理結果に現れる可能性があるため，正確にはサブサンプリングではありませんが，目的はサブサンプリングと同様に密度が小さい点群を適切に得ることなので，サブサンプリング手法と並べて紹介しています。

IDISS ランダムサンプリング 元の点群

図 23　Flex-convolution [48] における Inverse Density Importance Sub-Sampling（IDISS）とランダムサンプリングの比較（[48] より引用して改変）。

大域的特徴量を計算し，この大域的特徴量から MLP によって点群を生成します。この点群の各点について入力点群から近傍点を計算し，それらの位置の重み付き和になるように投影（projection）することで，入力点群から外れない範囲で点群が生成されるように制限します。

　SampleNet は，入力点群と後段のタスクに応じて，どのように点を選択するかを学習できるように設計されています。このような学習可能なサンプリングは，特徴点検出として機能していると考えることもできます。実際に，学習可能な特徴点検出手法として提案された USIP [84] では，SampleNet と似たアイデアに基づくネットワークで入力点群に応じた特徴点の検出を学習しています。ほかにも，学習可能なサブサンプリング手法として Gumbel Subset Sampling（GSS）[59]，Sampling Net [85]，Learning to Sample [86] などが提案されています。

3.7　点群畳み込み周辺の話題

　ここまで，点群処理のために提案されたさまざまなネットワーク構造を紹介してきましたが，他の文脈で提案されたネットワーク構造が点群処理に応用できる場合もあります。本項ではグラフ畳み込みネットワークと Transformer について，特に点群畳み込みとの関係を中心に紹介します。ここでは，点群深層学習の視点から周辺・最近の研究を俯瞰することで，最新の手法に対する多面的な理解の道具として点群深層学習を利用する一助となることを期待しています[63]。

グラフ畳み込みネットワーク

　グラフニューラルネットワーク（graph neural network; GNN）は，グラフとグラフ上のデータ（グラフシグナル）をニューラルネットワークの入力とし

63) よく知られているように，特にニューラルネットワークの流行以降コンピュータビジョン分野の研究は加速しており，本稿のような解説記事が陳腐化するまでの時間もとても短くなっています。本稿では，できるだけ研究アイデアや着想の鍵となった部分を解説に含めることで，単なる最近の技術解説にならないように心がけましたが，それでもすぐに古い記事になってしまうでしょう。そのため，本項では逆のアプローチを試みます。

て扱う手法です[64]。GNN もグリッド構造ではないデータをニューラルネットワークで扱うため，点群深層学習とかかわり合いながら研究が進んできました。その中でも特にグラフ畳み込みネットワーク（graph convolutional network; GCN）は，考えている問題が点群畳み込みと非常に近く，点群畳み込みをさらに一般化した概念となっています。

初めに，グラフについて簡単に説明します。グラフとは，頂点（vertex）と辺（edge）からなるデータ構造です。辺はそれぞれ頂点 2 つを結んでおり，辺に始点・終点の区別があるものを有向グラフ（directed graph），区別がないものを無向グラフ（undirected graph）と呼びます[65]。また，多重辺[66]は，GCNでは辺ごとの入力特徴量としてまとめて扱われる場合が多いため，ここでは多重辺のないグラフを想定します。一般には頂点・辺はいずれも順序はなく，集合として扱われます。有向グラフは

- 頂点集合：$V = \{v_1, v_2, \ldots, v_{|V|}\}$
- 辺集合：$E = \{e_{ij} \mid i, j$ は v_i から v_j に辺がある頂点のインデックス$\}$

の組として記述できます。また，グラフ畳み込みの説明で用いる都合で，頂点 v_k を終点とする辺の集合として $E_k = \{e_{ij} \in E \mid j = k\}$ を定義しておきます。GNNでは，このグラフ上の信号として，さらに各頂点 v_i に紐づいた特徴量 $f_i^{(v)}$ と各辺 e_{ij} に紐づいた特徴量 $f_{ij}^{(e)}$ を考えます。

3 次元点群と対応させてみると，グラフにおける各頂点が各点の存在に対応しており，各点の座標や色・反射強度などが特徴量として $f_i^{(v)}$ に入力される，と考えることができます。さらに，kNN や radius-Neighbor などによってある点の近傍として選択されるということは，グラフにおける辺が存在することに対応します[67]。2 点間の距離や相対座標などは，辺に紐づいた特徴量として考えることができます[68]。

このように整理すると，3 次元点群は

- 各頂点に座標が紐づいている（3 次元空間中に存在している）
- 近傍関係は陽には与えられない（何らかの手段で近傍を定義する）

という性質をもったグラフと見なせます。点群について考えていた

- 要素に（一般には）順序がない
- グリッド構造上のデータではない

という性質はグラフにも当てはまるため，GNN で利用されるアイデア，すなわち Shared MLP とプーリングを利用した順序不変（あるいは順序同変）なネットワークの設計などは，点群と共通します。

[64] 点群処理との関係から，ここではグラフが固定でグラフシグナルのみを扱う GNN については説明を省略します。

[65] 後述する Message Passing の文脈においては，無向グラフは双方向に辺を結んだ有向グラフと考えて差し支えないため，本項では以降，有向グラフを想定します。

[66] 同一の始点・終点が同じ辺が複数個存在するような辺。

[67] 一見すると，点群の場合の近傍関係は無向グラフのように見えますが，一般には有向グラフとして考えるほうが妥当です。たとえば，点群密度にむらがある場合の kNN などでは，一方の点からは近傍であるが逆向きには近傍として選択されない，ということが起こり得ます。

[68] グラフは頂点間の距離を必ずしも扱うわけではなく，辺の存在は，あくまで接続しているか・接続していないかのみを意味します。

グラフ畳み込みは，Message Passing という枠組みで整理されることがよくあります。これは，「辺を通して隣接している頂点間で情報（メッセージ）をやりとりすることで，グラフ上での畳み込み演算を実現している」という考え方です。

ある頂点 v_i に着目し，それに接続している頂点 v_j からメッセージが送られることを考えてみましょう。図 24 は，ここで想定する局所的なグラフ構造とメッセージの模式図です。このとき，e_{ji}（頂点 v_j から頂点 v_i に向かう辺）が存在するとします。この辺に沿って伝えられるメッセージを構成するために利用できる情報は，送り元の頂点に紐づいた特徴量 $f_j^{(v)}$ と，送り先の頂点に紐づいた特徴量 $f_i^{(v)}$，辺に紐づいた特徴量 $f_{ji}^{(e)}$ です。これら（手法によってはこれらの一部）を学習可能な関数 $\phi(\cdot;\theta_\phi)$ に入力し，変換されたものをメッセージとして扱います。すなわち，頂点 v_j から頂点 v_i に向かうメッセージは，$\phi\big(f_j^{(v)}, f_i^{(v)}, f_{ji}^{(e)}\big)$ と表せます。隣接するすべての頂点から送られてくるメッセージを集約[69]し，さらに集約先の頂点の特徴量と合わせて学習可能な関数 $\psi(\cdot)$ で変換することで，畳み込みを行った各頂点の特徴量を出力します。すなわち

$$\psi\left(f_j^{(v)}, \underset{e_{ij}\in E_j}{\mathrm{Agg}}\left\{\phi\left(f_j^{(v)}, f_i^{(v)}, f_{ji}^{(e)}\right)\right\}\right)$$

のように畳み込みを考えます。

本項で意図する狭義の点群畳み込みと比較すると，大きな違いは，点群畳み込みでは $\phi(\cdot;\theta_\phi)$ の部分をカーネルと入力特徴量の要素積としている点です[70]。このことから，相対的に，点群を構成する各点が 3 次元空間中に位置していて，そこに空間的にカーネルを重畳するという発想にこだわっている点が，（狭義の）点群畳み込みの特徴であると考えられます。

[69] ここでの集約は，点群畳み込みの場合と同じく，Max-Pooling, Sum-Pooling, Average-Pooling (Mean-Pooling) など，さまざまな方法が考えられるため，一般に Agg としています。

[70] 点群畳み込みであっても，要素積にこだわらずに辺に紐づいた特徴量と入力特徴量を Shared MLP で変換する Message Passing の定式化に近いモデル化をしている場合もあります。

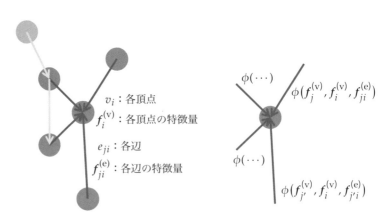

v_i：各頂点
$f_i^{(v)}$：各頂点の特徴量
e_{ji}：各辺
$f_{ji}^{(e)}$：各辺の特徴量

$\phi(\cdots)$
$\phi(f_j^{(v)}, f_i^{(v)}, f_{ji}^{(e)})$
$\phi(\cdots)$
$\phi(f_{j'}^{(v)}, f_i^{(v)}, f_{j'i}^{(e)})$

図 24　Message Passing の模式図。各頂点からのメッセージが辺に沿って頂点に集められ，これらを集約することで頂点ごとの出力特徴量を計算する。

Transformer

Transformer [32] は，提案されて以降さまざまなアプリケーションに利用されているネットワーク構造です。Self-Attention を用いたエンコーダ・デコーダ構造となっており，ベクトルデータの集合[71] を入力としてベクトルの集合を出力します。Transformer で用いられている Self-Attention は順序同変な処理であり，それを何層も積んだ Transformer 自体も順序同変なネットワークです。このため，文章や画像のように順序のあるデータ，つまり（文字や画像パッチの並びが）整列されているものとして取り扱うべきデータを，順序の情報を落としてベクトルの集合としてそのまま入力すると，おそらくタスクに必要な情報も失ってしまいます。Transformer では，Positional Encoding という手法を用いることで，この問題に対処します。基本的には，文章中・画像中の位置に対応する情報を，ネットワークに入力するベクトルにあらかじめ結合する，という方針をとります[72]。

3 次元点群を入力する場合は，Positional Encoding のみを入力すると考えればよく，したがって点群は Transformer と相性の良いデータ形式です。そのため，Transformer の研究が進むにつれて，点群を処理するネットワークに Transformer が応用されることが期待できます。Transformer のキーアイデアである Self-Attention は，点群全体の情報を各点に反映させる機構として，そのまま点群データにも適用できます。ただし，局所領域だけではなく，すべての点ペアの組み合わせを考えるため，計算コストは大きくなります。実用上は，ビニングやサブサンプリングがなされた点群上で用いるか [56]，局所点群ごとに適用することになります [59]。

最近，Transformer や MLP 系の手法（MLP-Mixer [47]，ResMLP [88] など）を MetaFormer として整理した論文 [89] が発表されました。この論文中では，Transformer の Attention や MLP 系手法の Spatial MLP は，ベクトル集合の要素間の関係を各要素に伝播させるはたらきをしているという視点から，要素ごとに特徴量を変換する Shared MLP[73] と要素間の情報を互いにやりとりする Token Mixer を並べて Residual 接続とともに繋いだものとして一般化できると考えています。このような構造を MetaFormer と呼び，この論文中では，最もシンプルな構造として単にプーリングするだけ（PoolFormer）で良い性能が得られることを示しています。MetaFormer のアイデアは PointNet や点群畳み込みに通じるところがあり，特に PointNet で用いられていた（Global Pooling で得られた）大域的特徴量と点ごとの特徴量を結合して Shared MLP で変換するというアイデアは，MetaFormer 構造の目的とよく似ています。また，PoolFormer ではピラミッド構造によって徐々に解像度を粗くしていきますが，これは集合データに対して空間的な近傍を利用してプーリングでまとめ

71) 言語ではトークンの集合，画像（Vision Transformer; ViT [87]）ではパッチを並び替えてベクトル化した集合など。

72) 具体的な Positional Encoding の方法はさまざまにあります。

73) MetaFormer では Channel MLP と呼ばれています。

74) いずれも2次元画像に対する畳み込みニューラルネットワークでなされてきた研究から着想を得ており，畳み込みとピラミッド構造を採用しようとした自然な発展だと思われます。

ていくという意味で，（サブサンプリングを含めた）点群畳み込みと同じ機能です[74]。

一方，これまでに提案されてきた多くの点群処理ネットワークとMetaFormerの違いは，

- Residual 接続を導入し多くの層を積むこと
- Residual 接続のため，入出力のチャンネル数を揃えること
- Normalization を丁寧に行うこと

であると，筆者は考えています。特に点群処理においては PointNet が利用していた Batch Normalization をそのまま用いている手法も多く，Transformer に続く研究に比べると，それほど議論がなされていません[75]。いずれにしても，今後は MetaFormer のような観点から点群処理ネットワークを捉え直す研究が発展すると予想されます。

75) これは，Transformer においては，その学習の困難さゆえ，さまざまな工夫がなされてきたことに起因すると思われます。

4 点群深層学習のアプリケーション

本節では，代表的な点群深層学習のアプリケーションを簡単に例示した後，その中でも物体検出タスクとその基盤となった VoteNet [90]，3次元点群の出力タスクとその重要なアイデアとなった FoldingNet [91]，応用上重要でさまざまなアイデアやアプローチが提案されている点群位置合わせに関して，少し詳しく紹介します。

4.1 代表的なアプリケーション

後に詳しく紹介する物体検出，3次元点群の出力，点群位置合わせ以外について，3次元点群を利用したアプリケーションを以下に紹介します。

クラス分類（classification）

3次元点群のクラス分類は3次元点群を入力とし，その物体が何であるかを，事前に与えられた物体クラスから選択するタスクです。シンプルなタスクで容易に性能を比較でき，ModelNet [21] などのデータセットを利用しやすかったことから，広くベンチマークとして用いられています。派生したタスク設定として，現実的なシチュエーション（実際のセンサ入力）を想定して片面点群のみからクラス分類するタスクや，入力点群が回転した場合を想定するタスクなどがあります。

セグメンテーション（segmentation）

セグメンテーションは，点群データの各点が何であるかを点ごとに推定するタスクです。その点の物体クラスを推定する場合はセマンティックセグメンテーション（semantic segmentation），その点が属する物体1つ1つを区別して推定する場合はインスタンスセグメンテーション（instance segmentation）と呼ばれます[76]。セマンティックセグメンテーションは，ベンチマーク的なタスクとして非常に多くの点群処理ネットワークで検証されています。インスタンスセグメンテーションについても，多くの手法が提案されています [92〜104]。これらのインスタンスセグメンテーションでは，実空間で物体中心座標を推定するアプローチと，特徴量空間で距離学習を行うアプローチが主流です。

形状補完（shape completion; point cloud completion）

3次元計測して得られた片面の3次元点群を入力して，全周の3次元点群を再構成するアプリケーションを形状補完と呼びます [105〜128]。形状補完を行うには，形状に関する事前知識が必要なため，現時点では物体クラスごとに（同じ種類の物体ごとに）学習する問題設定が一般的です。また，補完した形状を点群として出力するため，後述する3次元点群の出力手法と組み合わせて用いられるのが一般的です。

アップサンプリング（upsampling）

入力された3次元点群の密度を上げるアプリケーションを，点群のアップサンプリングと呼びます[77][129〜138]。3次元点群は記述したい物体の表面上の点を集めたものなので，形状を記述している点群はその点群がサンプリングされた元の表面があると想定できます[78]。この操作はサブサンプリング（ダウンサンプリング）の逆の操作となりますが，特に実世界で計測された点群の場合には，点の空間密度が不均一であったりノイズを含んでいたりするため，入力された点群から適切な表面形状を推定した上で[79]，点の密度を上げることになります。

ノイズ除去（denoising）

入力された3次元点群のノイズを除去するために点群畳み込みを用いる手法も提案されています [106, 130, 135, 139, 140]。3次元センサで観測された点群は多くの場合ノイズが含まれています。これらのノイズは，ある程度は深層学習を用いない手法（たとえば Statistical Outlier Removal [82] など）でも取り除けますが，センサの特性やアプリケーションの都合によっては，学習ベースのアプローチも有用です。

[76] 2次元画像に対するセグメンテーションでは，インスタンスセグメンテーションとパノプティックセグメンテーション（画素ごとに物体クラスとインスタンスを同時に推定する）は別のタスクとして扱われることが多いですが，点群の場合にはその境目が比較的曖昧で，単にインスタンスセグメンテーションと呼ぶ場合でも，インスタンスごとの物体クラスを同時に推定している場合がよくあります。

[77] これは2次元画像における超解像に対応します。

[78] 表面形状を記述した点群以外の3次元点の集合（物体中心座標の集合や結晶点群など）はこの限りではありません。

[79] この推定された表面は，点群やメッシュのような形式で陽に記述されない場合もあります。

法線推定（normal estimation）

　3次元点群の各点における法線の推定は基本的な点群処理の1つであり，（深層学習を用いない）特徴点検出や特徴量記述に用いる情報として，とてもよく用いられます [33, 34, 35]。その一方で，シンプルな法線推定手法[80] はセンサで観測された点群では避けられないノイズや密度変化に弱いため，深層学習を利用してロバストな法線推定を行う手法も提案されています [133, 142, 143, 144, 145, 146]。

80) 点群処理では，局所点群の座標の分散共分散行列に対して，主成分分析によって局所的に平面推定を行って法線推定する方法がよく用いられます [141]。

4.2　物体検出

　3次元点群における物体検出（object detection）では，点群で与えられたシーンからそのシーン中に含まれる物体のバウンディングボックスを物体ごとにそれぞれ推定します。このための手法として VoteNet [90] が提案され，これが点群深層学習における物体検出手法の基礎となりました。

　VoteNet の論文で紹介されている概要図を図 25 に示します。初めに Point-Net++ [40] により点群畳み込みネットワークで局所形状を考慮した特徴抽出を行い，サブサンプリングされた点群（シード点群，図中の Seeds）についてそれぞれの点が属する物体の中心座標を推定します。この操作を Voting（図中の Votes）と呼びます[81]。物体の中心座標は教師データ（バウンディングボックス）から容易に計算できるため，それぞれの点が属する物体の中心座標についての教師信号が与えられ，ネットワークの学習が可能になります。Farthest Point Sampling（FPS）でサンプリングした後に，距離でクラスタリングしてグループ化し，Shared MLP と Max-Pooling でグループ内の点の特徴量を変換・集約してバウンディングボックスを推定します。このとき，バウンディングボックスと同時に物体クラスと確信度（objectness）を出力します。ここまでの処理だけだと重複して物体が検出される場合があるため，推論時には後処理として Non-Maximum Suppression（NMS）を適用し，重複したバウンディングボックスを取り除きます。

81) これはハフ変換（Hough transform）を3次元点群に応用した物体検出手法であり，3次元点群処理でも深層学習が用いられる以前から利用されてきました [80, 147]。

4.3　3次元点群の出力

　これまでに紹介したニューラルネットワークは，3次元点群を入力として情報を抽出し，全体でのクラス確率[82] や各点でのクラス確率[83]，物体姿勢などを出力するモデルでした。このほかにも，アプリケーションによってはニューラルネットワークの出力として3次元点群を扱いたい場合があります。しかし，点群をニューラルネットワークに入力するのが難しかったのと同じように，非グリッドなデータ構造である3次元点群を出力とすることは容易ではありません。

　シンプルなアイデアとして，順序付けされた各点の座標をそのまま MLP で出力することが考えられます [138]。ただし，正解とする点群の順序を固定する

82) クラス分類タスクの場合。
83) セマンティックセグメンテーションタスクの場合。

VoteNet

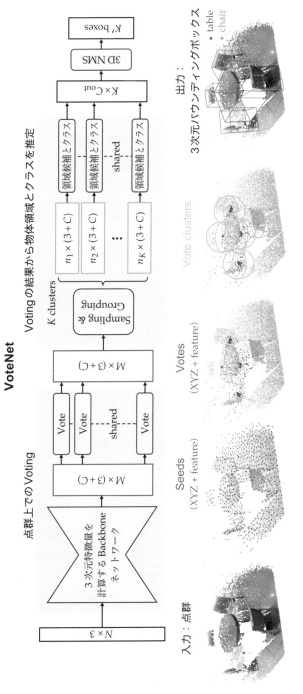

図 25　VoteNet の概要図（[90] より引用し翻訳）。点群畳み込みによって各点の特徴量を計算した後、ダウンサンプリングしたシード点群について属する物体の中心座標を推定（ハフ変換に対応）し、クラスタリングして物体候補ごとに分離し、各クラスタに対応する物体のバウンディングボックスを推定する。

ことは難しく，点群を入力する際に集合データとして扱ったように，何らかの工夫をしてうまく取り扱うことが望まれます。

FoldingNet [91] や AtlasNet [148] では，「表面形状を記述する 3 次元点群は（少なくとも局所的には）2 次元多様体である。したがって（何枚かの）平面と対応付けることができる」[84] というアイデアによって点群を出力します。

ここでは FoldingNet [91] を例に，どのように 3 次元点群を出力するかを説明します。FoldingNet の全体構造を図 26 に示します。FoldingNet は 3 次元点群を入力してベクトルを出力するエンコーダと，ベクトルを入力して 3 次元点群を出力するデコーダを組み合わせたオートエンコーダとなっています[85]。デコーダは形状を表すベクトル（図中の codeword）を受け取り，対応する形状を表す点群を出力することが期待されます。デコーダでは入力されたベクトルと 2 次元グリッド点の座標を結合し，各点について Shared MLP で 3 次元ベクトルに変換します。これによって 2 次元グリッドの各点が 3 次元空間の点群として出力されますが，この様子はまるで平面を折り畳んで 3 次元点群にしているように見えます[86]。FoldingNet ではさらにもう一度各点の 3 次元座標を入力ベクトルと結合し，最終的な出力 3 次元点群とします。

FoldingNet のようなネットワークを学習させるためには，入力点群と出力点群を比較するロス関数を定義する必要があります。特に点群の場合には順序不変な比較を行う必要があるため[87]，そのようなロス関数として FoldingNet では（extended）Chamfer Distance が用いられています。Chamfer Distance は一方の点群の各点について，他方の点群のうち最近傍の点までの距離の平均によって与えられる関数で，単に Chamfer Distance と呼ぶ場合，一方向からの対応（最近傍点の探索）を考えている場合と，両方向を考えて足し合わせるか最大値を採用する場合がありますが，FoldingNet では入力点群と出力点群がぴったり一致することが望ましいため，両方向を考えて最大値を採用します[88]。Chamfer Distance のほかに，Earth Mover's Distance（EMD）を用いて点群間のロス関数とする場合もありますが，点群全体について厳密な EMD を求めるのは計算コストの観点から現実的ではないため，多くの場合，点群に用いる EMD の実装には何らかの緩和・近似が用いられています [149][89]。

AtlasNet [148] は，FoldingNet のように点群全体を 1 つの 2 次元グリッド点の変形として再構成するのではなく，複数のパッチによって 3 次元点群を再構成するように学習します。もととなる 2 次元グリッド点とデコーダに入力するベクトルは同一でも，Shared MLP の重みが異なる（複数の Shared MLP を同時に用いる）ため，グリッド点群をそれぞれ変形して，異なる 3 次元位置に配置することができます。これらの点群をすべてまとめて 1 つの点群として出力し，2 次元平面を折り畳んだパッチを複数貼り合わせて，3 次元点群を再構成し

84) この説明は粗く，実際の 3 次元点群では，2 次元多様体であるがトポロジーについてはさまざま，という場合がほとんどです。

85) エンコーダは，kNN による近傍の設定と Shared MLP，Max-Pooling を利用した点群畳み込みに近いネットワーク構造となっています。

86) これが Folding という名称の由来です。

87) 単純に点群を表す行列どうしの差の 2 乗和などで比較すると，入力点群か出力点群の点の順序が入れ替わったときにロス関数の出力が変化してしまいます。点群を順不同な集合として適切に扱うためには，ロス関数が入力点群・出力点群のいずれについても順序不変である必要があります。

88) たとえば，実計測によって得られた片面点群と全周点群を比較する場合，片面点群から全周点群への対応はすべての点について考えることができますが，逆の全周点群から片面点群への対応は，対応点が欠損している可能性があります。このような場合には，一方向の Chamfer Distance を考えるのが妥当です。

89) そのほかに，たとえば [150] のように，点群を比較するための新たなロス関数も提案されています。

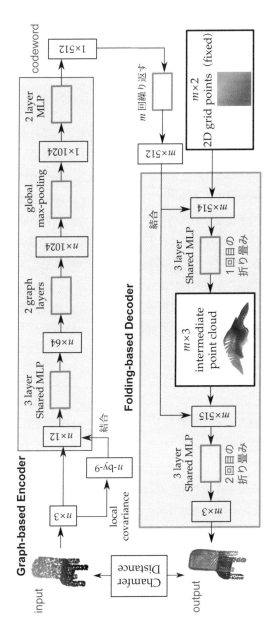

図 26　FoldingNet の構成図（[91] より引用し翻訳）。入力点群は点群畳み込みを用いるエンコーダで大域的特徴量（図中の codeword）に変換され、2 次元のグリッド座標と大域的特徴量を結合して Shared MLP で 3 次元座標を出力する。出力点群が入力点群と一致するようにオートエンコーダとして学習することで、点群を生成するデコーダが実現する。

ます。

　点群を直接出力するアプローチのほかに，基準となるメッシュを変形して目標とする 3 次元形状を出力する手法も提案されています。メッシュの場合には，頂点座標の座標を移動させることで形状を変形でき，Neural Rendering [6] の技術を利用するとレンダリングされた画像間で比較・ロス関数を計算できるため，3 次元の教師なしで学習することが可能になったり，テクスチャも同時に扱えたりするメリットがあります [151, 152]。また，Implicit Neural Representation（INR）を用いた表面形状の記述と学習による 3 次元形状の出力も，さまざまな手法が提案されています[90]。

　近年では，拡散モデルを用いた点群生成手法も提案されています。拡散モデルは，生成したいデータ分布が，もととなるガウスノイズに対して繰り返しガウスノイズを加えるマルコフ過程で生成されると考え，各ステップのガウスノイズのパラメータを学習する手法です [153]。これを点群に応用した手法として，Zhou ら [154] の手法では各ステップでのノイズの推定を Point-Voxel CNN による点群畳み込みネットワークで行う方法が，また，Lyu らの手法 [110] では片面点群から全周を推定するために PointNet++ [40] に似たネットワークで段階的な点群密度に応じた特徴量による条件付けをする（Condition として与える）方法が提案されています。拡散モデルによる生成は，画像を中心に各種のデータで応用が進められており，点群においても今後研究が進むと予想されます。

[90] 5.2 項で簡単に紹介しますが，詳しくは [7, 26] などを参照してください。

4.4　点群位置合わせ

　異なる 3 次元点群どうしで位置を合わせるタスクを点群位置合わせ（point cloud registration）と呼びます[91]。特に点群間で位置を剛体変換（並進・回転）のみで重ね合わせることができる場合を剛体位置合わせ（rigid registration），それ以外の場合[92]を非剛体位置合わせ（non-rigid registration）と呼びます。

　点群の位置合わせをするためのアプローチは，大きく分けて 2 つに分類されます。1 つは，マッチングベースのアプローチで，位置合わせする点群ごとにそれぞれの局所形状を特徴量に変換し，特徴量の対応をとることで点群間の変換を推定します。これは，深層学習を用いない画像や点群処理での特徴点・特徴量によるマッチングに対応します。もう 1 つは，位置合わせする点群全体の変換を直接出力するアプローチで，Lucas-Kanade 法 [155, 156] や Iterative Closest Point（ICP）[157, 158] がこれに対応します。点群位置合わせが用いられるアプリケーションとして，観測によって得られた片面点群を複数重ね合わせて全周点群（物体の全周形状点群や部屋の全周スキャンなど）を作成する場合や，物

[91] 点群以外を用いた位置合わせと 3 次元物体姿勢推定については，本書の「フカヨミ 3 次元物体姿勢推定」に詳細な解説がありますので，参照してください。

[92] たとえば人体メッシュの変形などのように，並進と回転だけでは位置を合わせることができない場合。

体をロボットでハンドリングするために，スキャンされた点群中の物体とテンプレート点群を位置合わせして対象物体の正確な位置・姿勢を推定する場合などがあります。このように，点群位置合わせは，ノイズを含む不完全な片面点群についても適用できることが望まれます。

代表的なマッチングベースの手法として，3DSmoothNet [159] が提案されています。これは，局所形状をボクセルに変換し[93]，3次元の CNN により特徴量を計算して特徴量の距離から対応点を推定することで，マッチング・位置合わせを行う手法です。学習の際には，距離学習の要領で対応する点どうしから計算される特徴量の距離を近くし，逆に，対応していない点どうし[94]の特徴量の距離を遠くするように学習します。特徴点・特徴量に関する教師なしで，剛体変換した点群どうしの位置合わせを行うように学習することで特徴点・特徴量を推定する手法 USIP [84] も提案されています。

全体の変形を直接出力する手法で最もシンプルなアイデアが IT-Net [160] です。これは，点群ごとに正解姿勢を設定しておき，想定している姿勢を与える剛体変換を推定することで入力点群の姿勢を推定するというアプローチです。正解姿勢と入力された点群の姿勢との差分を PointNet によって推定し，この姿勢によって入力点群を更新します。これを反復し徐々に姿勢を更新していくことで，最終的には想定している姿勢が得られる剛体変換を推定します。

IT-Net と同様に計算の反復により点群全体の剛体変換を推定する手法として，PointNetLK [161] があります（図 27 参照）。これは PointNet [2] を簡易にした構造を Lucas-Kanade 法 [155, 156] に組み合わせた手法であり，点群間の剛体変換のパラメータを反復更新によって推定します。点群の入力は Shared MLP とプーリング[95] で行い，得られた特徴量の差から剛体変換のパラメータを更新します。

特徴量ベースのマッチングと点群全体の位置合わせを組み合わせたアプローチとして，CorrNet3D [162] や Edge-Selective Feature Weaving（ESFW）Module [163]，Lepard [164] があります。これらの手法は，各点について特徴量を計算した後，点群間で特徴量を比較し対応付けて点どうしのマッチングを推定し，位置合わせを行います。これらのアプローチは，CorrNet3D において提案された，各点どうしが密に対応する点群の非剛体位置合わせを教師なしで推定・学習する手法から派生しており，ESFW Module ではマッチングの推定を学習可能にする工夫を，また Lepard では Self-Attention と Cross-Attention を組み合わせた特徴量計算と段階的な位置合わせによる工夫を加えています。

93) 詳しくは，局所座標系を推定して回転を正規化してからボクセルに変換します。

94) 3DSmoothNet では，Batch Hard Loss Function として，ミニバッチ内の異なる点のうち最も特徴量の距離が近い（区別が難しい）点における特徴量の距離を選択します。

95) PointNetLK では，点群の欠損を考えるかどうかで Max と Average を使い分けています。

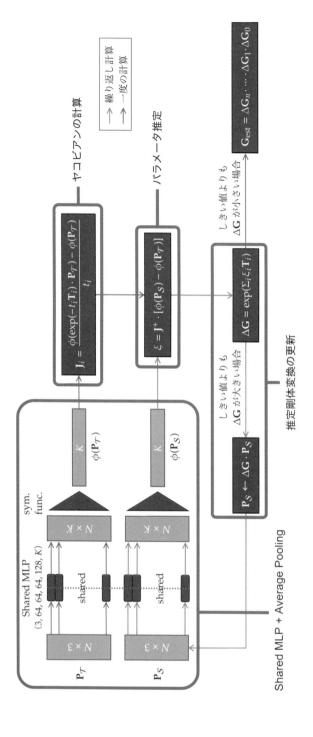

図 27 PointNetLK [161] の手法の概要図（[161] より引用し改変・翻訳）。位置合わせを行う点群と位置合わせ先となる点群を入力し、位置合わせを行う点群と位置合わせ先の点群からのパラメータについての PointNet のヤコビアンを数値的に計算しておく。このヤコビアンを用いて、位置合わせを行う点群に適用する剛体変換のパラメータを推定し、実際に剛体変換を適用する、という反復によって点群の位置合わせを行う。

本節では，これまでに触れられなかった話題をいくつか紹介します。

5.1 点群深層学習における事前学習

教師データが少ない場合にタスク性能を向上させたり，短い学習時間で効率良く学習させたりするためのアプローチに，ニューラルネットワークの事前学習があります[96]。近年の画像やテキストにおける深層学習のアプリケーション利用では，（巨大な）ニューラルネットワークのモデルを大規模データセットで事前学習しておき，転移学習（transfer learning）を行うことで，各タスクでのデータ収集コストや学習コストを小さく抑えるテクニックが実用上重要です。特に3次元点群は画像における深層学習と比較してデータを収集・ラベリングするコストが高く，少数のデータからタスクを学習することが望ましいため，事前学習をうまく活用したいというモチベーションがあります。その一方で，点群の場合には大規模なデータセットの用意がそもそも難しく，画像における ImageNet [165] のような巨大なデータセットは存在しません。したがって，大規模なラベル付きデータセットを必要としない，自己教師学習や自動生成したデータセットによる学習が期待されます。

自己教師によるエンコーダの事前学習手法として，対照学習（contrastive learning）を用いた DepthContrast [166] が提案されています。これは，3次元データに対してスケール変更・クロップによるデータ拡張（data augmentation）を行い，同一の点群から生成されたデータかどうかに応じた距離学習を Contrastive Loss [167, 168] によって行う手法です。DepthContrast はさらにボクセルと点群それぞれのエンコーダを用い対照学習を行うことで，データ形式が異なっていても同一の形状が入力されているかを反映した表現の獲得を目指しています。このようにして得られたエンコーダを事前学習モデルとして転移学習することで，各タスクでの性能が向上します。

自己教師学習での別のアプローチとして，Implicit Autoencoder [169] が提案されています。これは，データセット中の点群からランダムな領域を取り除き，Convolutional Occupancy Network [170] のネットワーク構造で Signed Distance Function（SDF）による3次元形状を記述するように学習します。このとき，Implicit Function によって表面形状を記述する[97]ことがエンコーダの事前学習として有効であると述べられています。

別のアプローチとして，データセットをある生成規則に基づいて自動生成し，それを用いて事前学習を行う手法が提案されています [171]。この手法は，画像における数式ドリブン教師あり学習 [172, 173] を3次元点群に応用したもので

[96] 本書の「フカヨミ 数式ドリブン点群事前学習」においてより詳しく紹介されていますので，参照してください。

[97] 3次元空間中におけるクエリ点に対応する値を出力するニューラルネットワークによって与えられる等高線などを用いて3次元形状を記述する方法。詳しくは [7, 26] などを参照してください。

あり，データセット収集のコストが低く，かつデータの権利に関する問題がないことがメリットです。この論文では，3D Iterated Function System（IFS）による点群生成と点群の分散ベースのカテゴリ設定を行い，別カテゴリの点群をノイズ点群として重畳するデータ拡張によってインスタンスごとの点群を生成し，これを3次元空間中に配置することでシーンの点群を生成します。これにより物体検出タスクのための正解データ付きのデータセットを自動的に生成でき，このデータセットを事前学習に用いることで，物体検出の（特に少数データの場合で顕著な）性能向上を実現することができます。

5.2　Implicit Neural Representation（INR）との関係

点群深層学習のバックボーンとなる点群畳み込みの研究が急速に発展した後，3次元データを扱う深層学習の研究分野でトレンドとなったのが，Implicit Neural Representation（INR）による表面形状記述手法です。Occupancy Networks [22]，IM-Net [23]，DeepSDF [24] という3つの手法がCVPR2019で同時に発表され，INRによる表面形状記述が提案されました。INRは，学習可能なニューラル場（neural field）によって表面形状を記述できる関数（場）を3次元空間にわたって考えることで，間接的に[98]3次元形状を記述するアプローチです。これにより，量子化・離散化せずに3次元形状を出力できるため，滑らかな表面の記述が可能になります[99]。

点群にかかわる話題として，表面点群のみからニューラル場による形状記述を学習する手法が提案されています。具体的には，摂動を利用したアプローチ（Controlling Neural Levelsets [176]）や，勾配を利用したアプローチ（IGR [177]，SAL [178]，SALD [179]）がとられています。ニューラル場がモデル化している場（SDFやOccupancy）を直接3次元センサを用いて計測することはできないため，これらのような手法で点群からニューラル場による表現を学習することは，実応用上価値があります。

ニューラル場を用いた3次元形状記述の関連研究として，Neural Radiance Fields（NeRF）[25] による輝度場をニューラル場でモデル化およびボリュームレンダリング（volume rendering）して学習する手法が提案されています。NeRFのアプローチでは，カメラ姿勢付きの2次元画像の集合のみから3次元空間の密度場を推定することができるため，もはや直接的な3次元の教師信号が不要となっています。

INRを用いたこれらの3次元形状記述・シーン記述は，本稿の執筆時点では深層学習による3次元データ処理の研究における主流となっており，これからも関連した研究が広がることが予想されます。

[98] 他方，3次元点群やメッシュ，ボクセルなどの記述は，直接的な（陽な）3次元形状の記述といえます。

[99] 余談ですが，INRで用いられる入力クエリ点と形状を表す潜在ベクトルを結合してShared MLPで点ごとの関数の出力値に回帰するという方法は，FoldingNet [91] のアイデアと近いと筆者は感じています。特に，最近のNeRFに変形場を導入するアプローチ [26, 174, 175] とは似ています。

5.3 スパーステンソル

3次元点群を空間解像度が高いスパーステンソルと見なし，スパーステンソルを扱うネットワークで3次元点群を処理する手法が提案されています。スパーステンソルは，その点の座標を示すインデックス（あるいは座標値そのもの）とその点における値のペアによって記述されるデータ形式で，データが存在しない領域が大半を占めるデータにおいて[100]，空間解像度が高いままそのデータを保持できるという特徴があります。このデータ形式はまさに点群と点ごとの特徴量そのものであり，本稿とは別の側面から見た点群データ処理の考え方となっています[101]。

単純にスパーステンソルに対して密なテンソルと同様な畳み込みを行うと，スパース性が失われてしまいます[102]。この問題を避けてスパース性を保ったまま畳み込みを行う手法 [10, 11, 12, 13] が提案されて以降，スパーステンソルに深層学習を適用する研究が多数なされました。たとえばセマンティックセグメンテーションや物体検出，点群の事前学習などにも，これらの手法が用いられています[103]。

スパーステンソルを扱うニューラルネットワークは，点群深層学習と非常に似た3次元データ形式であり，ライブラリなども合わせて今後徐々に統一に向けた整理が進められると予想されます[104]。

5.4 点群深層学習に利用できるライブラリなど

3次元点群を深層学習フレームワークで取り扱うため，もとの PointNet [2] の実装では，点数が一定になるようにダウンサンプリングし，固定長のテンソルとしてミニバッチ学習を行いました。その後，可変長のデータをミニバッチとしてまとめて扱うための実装が進み，現在ではさまざまな点数の点群をまとめて取り扱えるようになっています。執筆時点では，ミニバッチの扱いやすさと点群深層学習にかかわる処理・畳み込みの実装の豊富さから，PyTorch Geometric [182, 183] の利用を推奨します。

PyTorch Geometric におけるミニバッチの構成を簡単に紹介します。図 28 にミニバッチのデータ構造の模式図を示します。ミニバッチとしてまとめる必要があるデータには，点群ごとに固定長で与えられるデータ（物体クラスなど）と，点ごとに与えられるデータ（座標，法線，特徴量など）があり得ます。このうち点群ごとに固定長で扱えるデータは，そのまま固定長のテンソルとしてまとめます。点ごとに与えられるデータについては，それぞれの点群の点数が一定とは限らないため，固定長のテンソルとしてまとめることができません。そのため，各点についてのデータを並べたテンソル（図中の pos, normal）と，そ

[100] 3次元点群も，点が存在しない領域が大半です。

[101] ただし，畳み込みに3次元のスパース畳み込み（グリッドカーネルでの畳み込み）を用いることが多いため，種々の点群畳み込みにある回転不変性をもたない場合が多いです。

[102] 空間中のすべての点で畳み込みを計算すると，データをもつ領域が広がってしまうため。

[103] これらの事例については，紙面の都合上引用を省略します。たとえば Minkowski Engine のリポジトリ [180] では，Minkowski Engine を用いた研究事例が紹介されています。

[104] たとえば PointNet [2] は，スパーステンソルを扱うライブラリである Minkowski Engine [11, 181] 上ですでに実装されています。

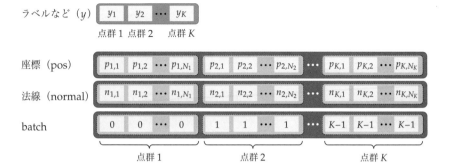

ラベルなど（y）　y_1　y_2　$\cdots$　y_K

点群 1　点群 2　　　点群 K

座標（pos）　$p_{1,1}$　$p_{1,2}$　$\cdots$　p_{1,N_1}　$p_{2,1}$　$p_{2,2}$　$\cdots$　p_{2,N_2}　$\cdots$　$p_{K,1}$　$p_{K,2}$　$\cdots$　p_{K,N_K}

法線（normal）　$n_{1,1}$　$n_{1,2}$　$\cdots$　n_{1,N_1}　$n_{2,1}$　$n_{2,2}$　$\cdots$　n_{2,N_2}　$\cdots$　$n_{K,1}$　$n_{K,2}$　$\cdots$　n_{K,N_K}

batch　0　0　$\cdots$　0　1　1　$\cdots$　1　$\cdots$　$K-1$　$K-1$　$\cdots$　$K-1$

点群 1　　　　　点群 2　　　　　点群 K

図 28　PyTorch Geometric におけるミニバッチの構成の模式図。点群ごとに固定長のデータ（ラベルなど）は，一般的なミニバッチと同様に扱う。点群ごとに点数が異なる可能性があるデータ（座標，法線など）は，紐づいた batch によってどの点群に属するかを区別する。

のデータ点がどの点群に属しているかを表すインデックスのテンソル（図中の batch）を使って，点群ごとに要素数が異なる可変長のデータをミニバッチとしてまとめて処理します。さらに，これに加えて有向グラフを扱うためのデータ構造[105]と合わせて，グラフニューラルネットワーク（graph neural network; GNN）の枠組みで点群データを扱うことができます。PyTorch Geometric はこのような形式で記述された点群（やグラフ）を扱うための実装が充実しており，特に点群畳み込み手法がグラフ畳み込みの一種として利用できます。ほかにも，近傍領域の設定（kNN，radius-Neighbors など）やサブサンプリング，プーリングも，グラフや隣接関係を考慮して点群ごとに効率良く処理できたり，ModelNet [21] や S3DIS [184] などの有名なデータセットを簡単に利用できたりします。

105) 辺の両端と辺ごとの特徴量がインデックスで対応したテンソルによって記述します。

　そのほかにスパーステンソルを用いたニューラルネットワークに利用できる Minkowski Engine [11, 12, 181, 185, 186]，TorchSparse [187, 188, 189] は，3 次元点群の深層学習に利用できるライブラリです。また，微分可能レンダリングなどと組み合わせて利用される PyTorch3D [190, 191]，TensorFlow Graphics [192, 193]，Kaolin [194] も，点群深層学習に関係する処理を実装しています。

6　おわりに

　本稿では，点群深層学習の基礎となるネットワーク構造（Shared MLP とプーリング，点群畳み込み）とその背景にある順序同変・順序不変なデータの取り扱いについて解説し，さらに，関連するニューラルネットワークの話題やアプリケーションについて紹介しました。

点群深層学習は PointNet [2] 以降急速に発展し，点群をニューラルネットワークで扱うための基礎技術・アイデアはこの数年で揃ってきており，いよいよ実アプリケーションで使えるかが試される時期に差し掛かっています。同時に，点群深層学習の大枠ができ上がったことによりネットワーク構造にもたらされ，またこの先もたらされるであろうさまざまな革新が，今後点群処理の枠組みに取り込まれ，活用されていくことが期待されます。ぜひ多くの方にニューラルネットワークを使った点群処理に取り組んでいただき，トイプロブレム，ベンチマークタスク，合成データの枠を超えて，点群深層学習が実世界のタスクに（できれば簡単に）応用できるものかどうかを確かめていただきたいと願うとともに，本稿がその試行の一助となることを期待しています。

参考文献

[1] Z. Zhang. Microsoft Kinect Sensor and Its Effect. *IEEE MultiMedia*, Vol. 19, No. 2, pp. 4–10, 2012.

[2] R. Q. Charles, H. Su, M. Kaichun, and L. J. Guibas. PointNet: Deep Learning on Point Sets for 3D Classification and Segmentation. In *Proceedings of the IEEE/CVF Conference on Computer Vision and Pattern Recognition*, 2017.

[3] M. Zaheer, S. Kottur, S. Ravanbakhsh, B. Poczos, R. R. Salakhutdinov, and A. J. Smola. Deep Sets. In *Advances in the Neural Information Processing Systems*, 2017.

[4] The Stanford 3D Scanning Repository. http://graphics.stanford.edu/data/3Dscanrep/.

[5] ポンデロニウム研究所. オリジナル 3D モデル「ミーシェ」. https://booth.pm/ja/items/1256087.

[6] H. Kato, Y. Ushiku, and T. Harada. Neural 3D Mesh Renderer. In *Proceedings of the IEEE/CVF Conference on Computer Vision and Pattern Recognition*, 2018.

[7] 加藤大晴. ニュウモン 微分可能レンダリング. 井尻善久, 牛久祥孝, 片岡裕雄, 藤吉弘亘（編）, コンピュータビジョン最前線 Autumn 2022. 共立出版, 2022.

[8] ディジタル画像処理編集委員会. ディジタル画像処理 [改定第 2 版]. CG-ARTS（画像情報教育振興協会）, 2004.

[9] D. Maturana and S. Scherer. VoxNet: A 3D Convolutional Neural Network for Real-Time Object Recognition. In *Proceedings of the IEEE/RSJ International Conference on Intelligent Robots and Systems*, 2015.

[10] B. Graham, M. Engelcke, and L. van der Maaten. 3D Semantic Segmentation with Submanifold Sparse Convolutional Networks. In *Proceedings of the IEEE/CVF Conference on Computer Vision and Pattern Recognition*, 2018.

[11] C. Choy, J. Gwak, and S. Savarese. 4D Spatio-Temporal ConvNets: Minkowski Convolutional Neural Networks. In *Proceedings of the IEEE/CVF Conference on Computer Vision and Pattern Recognition*, 2019.

[12] C. Choy, J. Park, and V. Koltun. Fully Convolutional Geometric Features. In *Proceedings of the IEEE/CVF International Conference on Computer Vision*, 2019.

[13] K. Zhai, P. He, T. Banerjee, A. Rangarajan, and S. Ranka. SparsePipe: Parallel Deep Learning for 3D Point Clouds. In *Proceedings of the IEEE International Conference on High Performance Computing, Data, and Analytics*, 2020.

[14] A. M. Knoll, I. Wald, and C. D. Hansen. Coherent Multiresolution Isosurface Ray Tracing. *The Visual Computer*, Vol. 25, No. 3, pp. 209–225, 2009.

[15] T. Takikawa, J. Litalien, K. Yin, K. Kreis, C. Loop, D. Nowrouzezahrai, A. Jacobson, M. McGuire, and S. Fidler. Neural Geometric Level of Detail: Real-Time Rendering with Implicit 3D Shapes. In *Proceedings of the IEEE/CVF Conference on Computer Vision and Pattern Recognition*, 2021.

[16] Coordinate Format (COO). https://scipy-lectures.org/advanced/scipy_sparse/coo_matrix.html.

[17] 櫻田健. ニュウモン Visual SLAM. 井尻善久, 牛久祥孝, 片岡裕雄, 藤吉弘亘（編）, コンピュータビジョン最前線 Spring 2022. 共立出版, 2022.

[18] H. Su, S. Maji, E. Kalogerakis, and E. G. Learned-Miller. Multi-View Convolutional Neural Networks for 3D Shape Recognition. In *Proceedings of the IEEE/CVF International Conference on Computer Vision*, 2015.

[19] A. Kanezaki, Y. Matsushita, and Y. Nishida. RotationNet: Joint Object Categorization and Pose Estimation Using Multiviews from Unsupervised Viewpoints. In *Proceedings of the IEEE/CVF Conference on Computer Vision and Pattern Recognition*, 2018.

[20] A. Kanezaki, Y. Matsushita, and Y. Nishida. RotationNet for Joint Object Categorization and Unsupervised Pose Estimation from Multi-View Images. *IEEE Transactions on Pattern Analysis and Machine Intelligence*, Vol. 43, No. 1, pp. 269–283, 2021.

[21] Z. Wu, S. Song, A. Khosla, F. Yu, L. Zhang, X. Tang, and J. Xiao. 3D ShapeNets: A Deep Representation for Volumetric Shapes. In *Proceedings of the IEEE/CVF Conference on Computer Vision and Pattern Recognition*, 2015.

[22] L. Mescheder, M. Oechsle, M. Niemeyer, S. Nowozin, and A. Geiger. Occupancy Networks: Learning 3D Reconstruction in Function Space. In *Proceedings of the IEEE/CVF Conference on Computer Vision and Pattern Recognition*, 2019.

[23] Z. Chen and H. Zhang. Learning Implicit Fields for Generative Shape Modeling. In *Proceedings of the IEEE/CVF Conference on Computer Vision and Pattern Recognition*, 2019.

[24] J. J. Park, P. Florence, J. Straub, R. Newcombe, and S. Lovegrove. DeepSDF: Learning Continuous Signed Distance Functions for Shape Representation. In *Proceedings of the IEEE/CVF Conference on Computer Vision and Pattern Recognition*, 2019.

[25] B. Mildenhall, P. P. Srinivasan, M. Tancik, J. T. Barron, R. Ramamoorthi, and R. Ng. NeRF: Representing Scenes as Neural Radiance Fields for View Synthesis. In *Proceedings of the IEEE/CVF International Conference on Computer Vision*, 2020.

[26] Y. Xie, T. Takikawa, S. Saito, O. Litany, S. Yan, N. Khan, F. Tombari, J. Tompkin, V. Sitzmann, and S. Sridhar. Neural Fields in Visual Computing and Beyond. *Computer Graphics Forum*, Vol. 41, No. 2, pp. 641–676, 2022.

[27] K. Yasutomi and S. Kawahito. Lock-in Pixel Based Time-of-Flight Range Imagers:

An Overview. *IEICE Transactions on Electronics*, 2022.

[28] S. Koch, A. Matveev, Z. Jiang, F. Williams, A. Artemov, E. Burnaev, M. Alexa, D. Zorin, and D. Panozzo. ABC: A Big CAD Model Dataset for Geometric Deep Learning. In *Proceedings of the IEEE/CVF Conference on Computer Vision and Pattern Recognition*, 2019.

[29] D. P. Kingma and J. Ba. Adam: A Method for Stochastic Optimization. In *Proceedings of the International Conference on Learning Representations*, 2015.

[30] 岡谷貴之. 深層学習. 機械学習プロフェッショナルシリーズ. 講談社, 2015.

[31] M. Jaderberg, K. Simonyan, A. Zisserman, and K. Kavukcuoglu. Spatial Transformer Networks. In *Advances in the Neural Information Processing Systems*, 2015.

[32] A. Vaswani, N. Shazeer, N. Parmar, J. Uszkoreit, L. Jones, A. N. Gomez, Ł. Kaiser, and I. Polosukhin. Attention is All You Need. In *Advances in the Neural Information Processing Systems*, 2017.

[33] F. Tombari, S. Salti, and L. Di Stefano. Unique Signatures of Histograms for Local Surface Description. In *Proceedings of the IEEE/CVF International Conference on Computer Vision*, 2010.

[34] R. B. Rusu, N. Blodow, and M. Beetz. Fast Point Feature Histograms (FPFH) for 3D Registration. In *Proceedings of the IEEE International Conference on Robotics and Automation*, 2009.

[35] B. Drost, M. Ulrich, N. Navab, and S. Ilic. Model Globally, Match Locally: Efficient and Robust 3D Object Recognition. In *Proceedings of the IEEE/CVF Conference on Computer Vision and Pattern Recognition*, 2010.

[36] J. Dai, H. Qi, Y. Xiong, Y. Li, G. Zhang, H. Hu, and Y. Wei. Deformable Convolutional Networks. In *Proceedings of the IEEE/CVF International Conference on Computer Vision*, 2017.

[37] Y. Wang, Y. Sun, Z. Liu, S. E. Sarma, M. M. Bronstein, and J. M. Solomon. Dynamic Graph CNN for Learning on Point Clouds. *ACM Transactions on Graphics*, Vol. 38, No. 5, 2019.

[38] B.-S. Hua, M.-K. Tran, and S.-K. Yeung. Pointwise Convolutional Neural Networks. In *Proceedings of the IEEE/CVF Conference on Computer Vision and Pattern Recognition*, 2018.

[39] A. H. Lang, S. Vora, H. Caesar, L. Zhou, J. Yang, and O. Beijbom. PointPillars: Fast Encoders for Object Detection From Point Clouds. In *Proceedings of the IEEE/CVF Conference on Computer Vision and Pattern Recognition*, 2019.

[40] C. R. Qi, L. Yi, H. Su, and L. J. Guibas. PointNet++: Deep Hierarchical Feature Learning on Point Sets in a Metric Space. In *Advances in the Neural Information Processing Systems*, 2017.

[41] S. Wang, S. Suo, W.-C. Ma, A. Pokrovsky, and R. Urtasun. Deep Parametric Continuous Convolutional Neural Networks. In *Proceedings of the IEEE/CVF Conference on Computer Vision and Pattern Recognition*, 2018.

[42] Y. Xu, T. Fan, M. Xu, L. Zeng, and Y. Qiao. SpiderCNN: Deep Learning on Point Sets with Parameterized Convolutional Filters. In *Proceedings of the IEEE/CVF Inter-*

national Conference on Computer Vision, 2018.

[43] W. Liu, D. Anguelov, D. Erhan, C. Szegedy, S. E. Reed, C.-Y. Fu, and A. C. Berg. SSD: Single Shot MultiBox Detector. In *Proceedings of the IEEE/CVF International Conference on Computer Vision*, 2016.

[44] Z. Zhang, B.-S. Hua, and S.-K. Yeung. ShellNet: Efficient Point Cloud Convolutional Neural Networks Using Concentric Shells Statistics. In *Proceedings of the IEEE/CVF International Conference on Computer Vision*, 2019.

[45] H. Zhao, L. Jiang, C.-W. Fu, and J. Jia. PointWeb: Enhancing Local Neighborhood Features for Point Cloud Processing. In *Proceedings of the IEEE/CVF Conference on Computer Vision and Pattern Recognition*, 2019.

[46] X. Ma, C. Qin, H. You, H. Ran, and Y. Fu. Rethinking Network Design and Local Geometry in Point Cloud: A Simple Residual MLP Framework. In *Proceedings of the International Conference on Learning Representations*, 2022.

[47] I. Tolstikhin, N. Houlsby, A. Kolesnikov, L. Beyer, X. Zhai, T. Unterthiner, J. Yung, A. P. Steiner, D. Keysers, J. Uszkoreit, M. Lucic, and A. Dosovitskiy. MLP-Mixer: An All-MLP Architecture for Vision. In *Advances in the Neural Information Processing Systems*, 2021.

[48] F. Groh, P. Wieschollek, and H. P. A. Lensch. Flex-Convolution (Million-Scale Point-Cloud Learning Beyond Grid-Worlds). In *Proceedings of the Asian Conference on Computer Vision*, 2018.

[49] M. Tatarchenko, J. Park, V. Koltun, and Q.-Y. Zhou. Tangent Convolutions for Dense Prediction in 3D. In *Proceedings of the IEEE/CVF Conference on Computer Vision and Pattern Recognition*, 2018.

[50] A. Komarichev, Z. Zhong, and J. Hua. A-CNN: Annularly Convolutional Neural Networks on Point Clouds. In *Proceedings of the IEEE/CVF Conference on Computer Vision and Pattern Recognition*, 2019.

[51] T. Le and Y. Duan. PointGrid: A Deep Network for 3D Shape Understanding. In *Proceedings of the IEEE/CVF Conference on Computer Vision and Pattern Recognition*, 2018.

[52] M. Simonovsky and N. Komodakis. Dynamic Edge-Conditioned Filters in Convolutional Neural Networks on Graphs. In *Proceedings of the IEEE/CVF Conference on Computer Vision and Pattern Recognition*, 2017.

[53] Y. Shen, C. Feng, Y. Yang, and D. Tian. Mining Point Cloud Local Structures by Kernel Correlation and Graph Pooling. In *Proceedings of the IEEE/CVF Conference on Computer Vision and Pattern Recognition*, 2018.

[54] Y. Li, R. Bu, M. Sun, W. Wu, X. Di, and B. Chen. PointCNN: Convolution on $\mathcal{X}$-Transformed Points. In *Advances in the Neural Information Processing Systems*, 2018.

[55] P. Hermosilla, T. Ritschel, P.-P. Vázquez, A. Vinacua, and T. Ropinski. Monte Carlo Convolution for Learning on Non-Uniformly Sampled Point Clouds. *ACM Transactions on Graphics (Proceedings of SIGGRAPH Asia 2018)*, Vol. 37, No. 6, 2018.

[56] S. Xie, S. Liu, Z. Chen, and Z. Tu. Attentional ShapeContextNet for Point Cloud Recognition. In *Proceedings of the IEEE/CVF Conference on Computer Vision and Pattern*

Recognition, 2018.

[57] M. Jiang, Y. Wu, T. Zhao, Z. Zhao, and C. Lu. PointSIFT: A SIFT-like Network Module for 3D Point Cloud Semantic Segmentation. *arXiv:1807.00652*, 2018.

[58] M. Atzmon, H. Maron, and Y. Lipman. Point Convolutional Neural Networks by Extension Operators. *ACM Transactions on Graphics*, Vol. 37, No. 4, 2018.

[59] J. Yang, Q. Zhang, B. Ni, L. Li, J. Liu, M. Zhou, and Q. Tian. Modeling Point Clouds with Self-Attention and Gumbel Subset Sampling. In *Proceedings of the IEEE/CVF Conference on Computer Vision and Pattern Recognition*, 2019.

[60] Y. Xiong, M. Ren, R. Liao, K. Wong, and R. Urtasun. Deformable Filter Convolution for Point Cloud Reasoning. In *Advances in the Neural Information Processing Systems*, 2019.

[61] Y. Rao, J. Lu, and J. Zhou. Spherical Fractal Convolutional Neural Networks for Point Cloud Recognition. In *Proceedings of the IEEE/CVF Conference on Computer Vision and Pattern Recognition*, 2019.

[62] S. Ramasinghe, S. Khan, N. Barnes, and S. Gould. Blended Convolution and Synthesis for Efficient Discrimination of 3D Shapes. In *Proceedings of the IEEE/CVF Winter Conference on Applications of Computer Vision*, 2020.

[63] C. Wen, L. Yang, X. Li, L. Peng, and T. Chi. Directionally Constrained Fully Convolutional Neural Network for Airborne LiDAR Point Cloud Classification. *ISPRS Journal of Photogrammetry and Remote Sensing*, Vol. 162, pp. 50–62, 2020.

[64] H. Lei, N. Akhtar, and A. Mian. Spherical Kernel for Efficient Graph Convolution on 3D Point Clouds. *IEEE Transactions on Pattern Analysis and Machine Intelligence*, Vol. 43, No. 10, pp. 3664–3680, 2021.

[65] Y. Liu, B. Fan, G. Meng, J. Lu, S. Xiang, and C. Pan. DensePoint: Learning Densely Contextual Representation for Efficient Point Cloud Processing. In *Proceedings of the IEEE/CVF International Conference on Computer Vision*, 2019.

[66] X. Li, L. Wang, M. Wang, C. Wen, and Y. Fang. DANCE-NET: Density-Aware Convolution Networks with Context Encoding for Airborne LiDAR Point Cloud Classification. *ISPRS Journal of Photogrammetry and Remote Sensing*, Vol. 166, pp. 128–139, 2020.

[67] Y. Zhou and O. Tuzel. VoxelNet: End-to-End Learning for Point Cloud Based 3D Object Detection. In *Proceedings of the IEEE/CVF Conference on Computer Vision and Pattern Recognition*, 2018.

[68] Y. Lin, Z. Yan, H. Huang, D. Du, L. Liu, S. Cui, and X. Han. FPConv: Learning Local Flattening for Point Convolution. In *Proceedings of the IEEE/CVF Conference on Computer Vision and Pattern Recognition*, 2020.

[69] Z. Liu, H. Hu, Y. Cao, Z. Zhang, and X. Tong. A Closer Look at Local Aggregation Operators in Point Cloud Analysis. In *Proceedings of the IEEE/CVF International Conference on Computer Vision*, 2020.

[70] C.-C. Wong and C.-M. Vong. Efficient Outdoor 3D Point Cloud Semantic Segmentation for Critical Road Objects and Distributed Contexts. In *Proceedings of the IEEE/CVF International Conference on Computer Vision*, 2020.

[71] H. Su, V. Jampani, D. Sun, S. Maji, E. Kalogerakis, M.-H. Yang, and J. Kautz. SPLATNet: Sparse Lattice Networks for Point Cloud Processing. In *Proceedings of the IEEE/CVF Conference on Computer Vision and Pattern Recognition*, 2018.

[72] X. Li, R. Li, G. Chen, C.-W. Fu, D. Cohen-Or, and P.-A. Heng. A Rotation-Invariant Framework for Deep Point Cloud Analysis. *IEEE Transactions on Visualization and Computer Graphics*, 2021.

[73] M. Xu, R. Ding, H. Zhao, and X. Qi. PAConv: Position Adaptive Convolution with Dynamic Kernel Assembling on Point Clouds. In *Proceedings of the IEEE/CVF Conference on Computer Vision and Pattern Recognition*, 2021.

[74] H. Chen, S. Liu, W. Chen, H. Li, and R. Hill. Equivariant Point Network for 3D Point Cloud Analysis. In *Proceedings of the IEEE/CVF Conference on Computer Vision and Pattern Recognition*, 2021.

[75] J. Xu, X. Tang, Y. Zhu, J. Sun, and S. Pu. SGMNet: Learning Rotation-Invariant Point Cloud Representations via Sorted Gram Matrix. In *Proceedings of the IEEE/CVF International Conference on Computer Vision*, 2021.

[76] C. Xu, B. Wu, Z. Wang, W. Zhan, P. Vajda, K. Keutzer, and M. Tomizuka. Squeeze-SegV3: Spatially-Adaptive Convolution for Efficient Point-Cloud Segmentation. In *Proceedings of the IEEE/CVF International Conference on Computer Vision*, 2020.

[77] Y. Ben-Shabat, M. Lindenbaum, and A. Fischer. 3DmFV: Three-Dimensional Point Cloud Classification in Real-Time Using Convolutional Neural Networks. *IEEE Robotics and Automation Letters*, Vol. 3, No. 4, pp. 3145–3152, 2018.

[78] S. Qiu, S. Anwar, and N. Barnes. Dense-Resolution Network for Point Cloud Classification and Segmentation. In *Proceedings of the IEEE/CVF Winter Conference on Applications of Computer Vision*, 2021.

[79] H. Zhao, L. Jiang, J. Jia, P. H. Torr, and V. Koltun. Point Transformer. In *Proceedings of the IEEE/CVF International Conference on Computer Vision*, 2021.

[80] R. B. Rusu and S. Cousins. 3D is Here: Point Cloud Library (PCL). In *Proceedings of the IEEE International Conference on Robotics and Automation*, 2011.

[81] Q.-Y. Zhou, J. Park, and V. Koltun. Open3D: A Modern Library for 3D Data Processing. *arXiv:1801.09847*, 2018.

[82] R. B. Rusu, Z. C. Marton, N. Blodow, M. Dolha, and M. Beetz. Towards 3D Point Cloud Based Object Maps for Household Environments. *Robotics and Autonomous Systems*, Vol. 56, No. 11, pp. 927–941, 2008.

[83] I. Lang, A. Manor, and S. Avidan. SampleNet: Differentiable Point Cloud Sampling. In *Proceedings of the IEEE/CVF Conference on Computer Vision and Pattern Recognition*, 2020.

[84] J. Li and G. H. Lee. USIP: Unsupervised Stable Interest Point Detection from 3D Point Clouds. In *Proceedings of the IEEE/CVF International Conference on Computer Vision*, 2019.

[85] W. Zhang, C. Long, Q. Yan, A. L. Chow, and C. Xiao. Multi-Stage Point Completion Network with Critical Set Supervision. *Computer Aided Geometric Design*, Vol. 82, p. 101925, 2020.

[86] O. Dovrat, I. Lang, and S. Avidan. Learning to Sample. In *Proceedings of the IEEE/CVF Conference on Computer Vision and Pattern Recognition*, 2019.

[87] A. Dosovitskiy, L. Beyer, A. Kolesnikov, D. Weissenborn, X. Zhai, T. Unterthiner, M. Dehghani, M. Minderer, G. Heigold, S. Gelly, J. Uszkoreit, and N. Houlsby. An Image is Worth 16×16 Words: Transformers for Image Recognition at Scale. In *Proceedings of the International Conference on Learning Representations*, 2021.

[88] H. Touvron, P. Bojanowski, M. Caron, M. Cord, A. El-Nouby, E. Grave, A. Joulin, G. Synnaeve, J. Verbeek, and H. Jégou. ResMLP: Feedforward Networks for Image Classification with Data-Efficient Training. *arXiv:2105.03404*, 2021.

[89] W. Yu, M. Luo, P. Zhou, C. Si, Y. Zhou, X. Wang, J. Feng, and S. Yan. MetaFormer is Actually What You Need for Vision. In *Proceedings of the IEEE/CVF Conference on Computer Vision and Pattern Recognition*, 2022.

[90] C. R. Qi, O. Litany, K. He, and L. J. Guibas. Deep Hough Voting for 3D Object Detection in Point Clouds. In *Proceedings of the IEEE/CVF International Conference on Computer Vision*, 2019.

[91] Y. Yang, C. Feng, Y. Shen, and D. Tian. FoldingNet: Point Cloud Auto-Encoder via Deep Grid Deformation. In *Proceedings of the IEEE/CVF Conference on Computer Vision and Pattern Recognition*, 2018.

[92] Q.-H. Pham, T. Nguyen, B.-S. Hua, G. Roig, and S.-K. Yeung. JSIS3D: Joint Semantic-Instance Segmentation of 3D Point Clouds with Multi-Task Pointwise Networks and Multi-Value Conditional Random Fields. In *Proceedings of the IEEE/CVF Conference on Computer Vision and Pattern Recognition*, 2019.

[93] X. Wang, S. Liu, X. Shen, C. Shen, and J. Jia. Associatively Segmenting Instances and Semantics in Point Clouds. In *Proceedings of the IEEE/CVF Conference on Computer Vision and Pattern Recognition*, 2019.

[94] K. Arase, Y. Mukuta, and T. Harada. Rethinking Task and Metrics of Instance Segmentation on 3D Point Clouds. In *Proceedings of the IEEE/CVF International Conference on Computer Vision*, 2019.

[95] W. Wang, R. Yu, Q. Huang, and U. Neumann. SGPN: Similarity Group Proposal Network for 3D Point Cloud Instance Segmentation. In *Proceedings of the IEEE/CVF Conference on Computer Vision and Pattern Recognition*, 2018.

[96] L. Jiang, H. Zhao, S. Shi, S. Liu, C.-W. Fu, and J. Jia. PointGroup: Dual-Set Point Grouping for 3D Instance Segmentation. In *Proceedings of the IEEE/CVF Conference on Computer Vision and Pattern Recognition*, 2020.

[97] T. He, D. Gong, Z. Tian, and C. Shen. Learning and Memorizing Representative Prototypes for 3D Point Cloud Semantic and Instance Segmentation. In *Proceedings of the IEEE/CVF International Conference on Computer Vision*, 2020.

[98] J. Liu, M. Yu, B. Ni, and Y. Chen. Self-Prediction for Joint Instance and Semantic Segmentation of Point Clouds. In *Proceedings of the IEEE/CVF International Conference on Computer Vision*, 2020.

[99] T. He, Y. Liu, C. Shen, X. Wang, and C. Sun. Instance-Aware Embedding for Point Cloud Instance Segmentation. In *Proceedings of the IEEE/CVF International Conference*

on Computer Vision, 2020.

[100] U. Michieli, E. Borsato, L. Rossi, and P. Zanuttigh. GMNet: Graph Matching Network for Large Scale Part Semantic Segmentation in the Wild. In *Proceedings of the IEEE/CVF International Conference on Computer Vision*, 2020.

[101] B. Zhang and P. Wonka. Point Cloud Instance Segmentation Using Probabilistic Embeddings. In *Proceedings of the IEEE/CVF Conference on Computer Vision and Pattern Recognition*, 2021.

[102] T. He, C. Shen, and A. van den Hengel. DyCo3D: Robust Instance Segmentation of 3D Point Clouds Through Dynamic Convolution. In *Proceedings of the IEEE/CVF Conference on Computer Vision and Pattern Recognition*, 2021.

[103] Z. Zhou, Y. Zhang, and H. Foroosh. Panoptic-PolarNet: Proposal-Free LiDAR Point Cloud Panoptic Segmentation. In *Proceedings of the IEEE/CVF Conference on Computer Vision and Pattern Recognition*, 2021.

[104] R. Razani, R. Cheng, E. Li, E. Taghavi, Y. Ren, and L. Bingbing. GP-S3Net: Graph-Based Panoptic Sparse Semantic Segmentation Network. In *Proceedings of the IEEE/CVF International Conference on Computer Vision*, 2021.

[105] X. Wang, M. H. Ang Jr., and G. H. Lee. Cascaded Refinement Network for Point Cloud Completion. In *Proceedings of the IEEE/CVF Conference on Computer Vision and Pattern Recognition*, 2020.

[106] A. Alliegro, D. Valsesia, G. Fracastoro, E. Magli, and T. Tommasi. Denoise and Contrast for Category Agnostic Shape Completion. In *Proceedings of the IEEE/CVF Conference on Computer Vision and Pattern Recognition*, 2021.

[107] J. Chibane, T. Alldieck, and G. Pons-Moll. Implicit Functions in Feature Space for 3D Shape Reconstruction and Completion. In *Proceedings of the IEEE/CVF Conference on Computer Vision and Pattern Recognition*, 2020.

[108] B. Gong, Y. Nie, Y. Lin, X. Han, and Y. Yu. ME-PCN: Point Completion Conditioned on Mask Emptiness. In *Proceedings of the IEEE/CVF International Conference on Computer Vision*, 2021.

[109] J. Gu, W.-C. Ma, S. Manivasagam, W. Zeng, Z. Wang, Y. Xiong, H. Su, and R. Urtasun. Weakly-Supervised 3D Shape Completion in the Wild. In *Proceedings of the IEEE/CVF International Conference on Computer Vision*, 2020.

[110] Z. Lyu, Z. Kong, X. XU, L. Pan, and D. Lin. A Conditional Point Diffusion-Refinement Paradigm for 3D Point Cloud Completion. In *Proceedings of the International Conference on Learning Representations*, 2022.

[111] T. Nguyen, Q.-H. Pham, T. Le, T. Pham, N. Ho, and B.-S. Hua. Point-Set Distances for Learning Representations of 3D Point Clouds. In *Proceedings of the IEEE/CVF International Conference on Computer Vision*, 2021.

[112] L. Pan, X. Chen, Z. Cai, J. Zhang, H. Zhao, S. Yi, and Z. Liu. Variational Relational Point Completion Network. In *Proceedings of the IEEE/CVF Conference on Computer Vision and Pattern Recognition*, 2021.

[113] X. Wen, P. Xiang, Y. Han, Y.-P. Cao, P. Wan, W. Zheng, and Y.-S. Liu. PMP-Net++: Point Cloud Completion by Transformer-Enhanced Multi-Step Point Moving Paths.

IEEE Transactions on Pattern Analysis and Machine Intelligence, 2022.

[114] Y. Wang, D. J. Tan, N. Navab, and F. Tombari. SoftPoolNet: Shape Descriptor for Point Cloud Completion and Classification. In *Proceedings of the IEEE/CVF International Conference on Computer Vision*, 2020.

[115] H. Wang, Q. Liu, X. Yue, J. Lasenby, and M. J. Kusner. Unsupervised Point Cloud Pre-Training via Occlusion Completion. In *Proceedings of the IEEE/CVF International Conference on Computer Vision*, 2021.

[116] X. Wen, T. Li, Z. Han, and Y.-S. Liu. Point Cloud Completion by Skip-Attention Network with Hierarchical Folding. In *Proceedings of the IEEE/CVF Conference on Computer Vision and Pattern Recognition*, 2020.

[117] X. Wen, Z. Han, Y.-P. Cao, P. Wan, W. Zheng, and Y.-S. Liu. Cycle4Completion: Unpaired Point Cloud Completion Using Cycle Transformation with Missing Region Coding. In *Proceedings of the IEEE/CVF Conference on Computer Vision and Pattern Recognition*, 2021.

[118] X. Wen, P. Xiang, Z. Han, Y.-P. Cao, P. Wan, W. Zheng, and Y.-S. Liu. PMP-Net: Point Cloud Completion by Learning Multi-Step Point Moving Paths. In *Proceedings of the IEEE/CVF Conference on Computer Vision and Pattern Recognition*, 2021.

[119] T. Wu, L. Pan, J. Zhang, T. WANG, Z. Liu, and D. Lin. Density-Aware Chamfer Distance as a Comprehensive Metric for Point Cloud Completion. In *Advances in the Neural Information Processing Systems*, 2021.

[120] X. Yaqi, X. Yan, L. Wei, S. Rui, C. Kailang, and S. Uwe. ASFM-Net: Asymmetrical Siamese Feature Matching Network for Point Completion. In *Proceedings of the ACM International Conference on Multimedia*, 2021.

[121] P. Xiang, X. Wen, Y.-S. Liu, Y.-P. Cao, P. Wan, W. Zheng, and Z. Han. SnowflakeNet: Point Cloud Completion by Snowflake Point Deconvolution with Skip-Transformer. In *Proceedings of the IEEE/CVF International Conference on Computer Vision*, 2021.

[122] H. Xie, H. Yao, S. Zhou, J. Mao, S. Zhang, and W. Sun. GRNet: Gridding Residual Network for Dense Point Cloud Completion. In *Proceedings of the IEEE/CVF International Conference on Computer Vision*, 2020.

[123] C. Xie, C. Wang, B. Zhang, H. Yang, D. Chen, and F. Wen. Style-Based Point Generator with Adversarial Rendering for Point Cloud Completion. In *Proceedings of the IEEE/CVF Conference on Computer Vision and Pattern Recognition*, 2021.

[124] X. Xiong, H. Xiong, K. Xian, C. Zhao, Z. Cao, and X. Li. Sparse-to-Dense Depth Completion Revisited: Sampling Strategy and Graph Construction. In *Proceedings of the IEEE/CVF International Conference on Computer Vision*, 2020.

[125] W. Yuan, T. Khot, D. Held, C. Mertz, and M. Hebert. PCN: Point Completion Network. In *Proceedings of the International Conference on 3D Vision*, 2018.

[126] W. Zhang, Q. Yan, and C. Xiao. Detail Preserved Point Cloud Completion via Separated Feature Aggregation. In *Proceedings of the IEEE/CVF International Conference on Computer Vision*, 2020.

[127] X. Zhang, Y. Feng, S. Li, C. Zou, H. Wan, X. Zhao, Y. Guo, and Y. Gao. View-Guided Point Cloud Completion. In *Proceedings of the IEEE/CVF Conference on Computer*

Vision and Pattern Recognition, 2021.

[128] J. Zhang, X. Chen, Z. Cai, L. Pan, H. Zhao, S. Yi, C. K. Yeo, B. Dai, and C. C. Loy. Unsupervised 3D Shape Completion Through GAN Inversion. In *Proceedings of the IEEE/CVF Conference on Computer Vision and Pattern Recognition*, 2021.

[129] L. Yu, X. Li, C.-W. Fu, D. Cohen-Or, and P.-A. Heng. PU-Net: Point Cloud Upsampling Network. In *Proceedings of the IEEE/CVF Conference on Computer Vision and Pattern Recognition*, 2018.

[130] R. Li, X. Li, C.-W. Fu, D. Cohen-Or, and P.-A. Heng. PU-GAN: A Point Cloud Upsampling Adversarial Network. In *Proceedings of the IEEE/CVF International Conference on Computer Vision*, 2019.

[131] R. Roveri, A. C. Öztireli, I. Pandele, and M. Gross. PointProNets: Consolidation of Point Clouds with Convolutional Neural Networks. *Computer Graphics Forum*, Vol. 37, No. 2, pp. 87–99, 2018.

[132] W. Yifan, S. Wu, H. Huang, D. Cohen-Or, and O. Sorkine-Hornung. Patch-Based Progressive 3D Point Set Upsampling. In *Proceedings of the IEEE/CVF Conference on Computer Vision and Pattern Recognition*, 2019.

[133] Y. Qian, J. Hou, S. Kwong, and Y. He. PUGeo-Net: A Geometry-Centric Network for 3D Point Cloud Upsampling. In *Proceedings of the IEEE/CVF International Conference on Computer Vision*, 2020.

[134] R. Li, X. Li, P.-A. Heng, and C.-W. Fu. Point Cloud Upsampling via Disentangled Refinement. In *Proceedings of the IEEE/CVF Conference on Computer Vision and Pattern Recognition*, 2021.

[135] S. Luo and W. Hu. Score-Based Point Cloud Denoising. In *Proceedings of the IEEE/CVF International Conference on Computer Vision*, 2021.

[136] M. Gadelha, R. Wang, and S. Maji. Multiresolution Tree Networks for 3D Point Cloud Processing. In *Proceedings of the IEEE/CVF International Conference on Computer Vision*, 2018.

[137] L. Hui, R. Xu, J. Xie, J. Qian, and J. Yang. Progressive Point Cloud Deconvolution Generation Network. In *Proceedings of the IEEE/CVF International Conference on Computer Vision*, 2020.

[138] W. Zhang, H. Jiang, Z. Yang, S. Yamakawa, K. Shimada, and L. B. Kara. Data-Driven Upsampling of Point Clouds. *Computer-Aided Design*, Vol. 112, pp. 1–13, 2019.

[139] M.-J. Rakotosaona, V. La Barbera, P. Guerrero, N. J. Mitra, and M. Ovsjanikov. PointCleanNet: Learning to Denoise and Remove Outliers from Dense Point Clouds. *Computer Graphics Forum*, Vol. 39, No. 1, pp. 185–203, 2019.

[140] F. Pistilli, G. Fracastoro, D. Valsesia, and E. Magli. Learning Graph-Convolutional Representations for Point Cloud Denoising. In *Proceedings of the IEEE/CVF International Conference on Computer Vision*, 2020.

[141] R. B. Rusu. *Semantic 3D Object Maps for Everyday Manipulation in Human Living Environments*. PhD thesis, Computer Science Department, Technische Universität München, 2009.

[142] Y. Ben-Shabat, M. Lindenbaum, and A. Fischer. Nesti-Net: Normal Estimation for

Unstructured 3D Point Clouds Using Convolutional Neural Networks. In *Proceedings of the IEEE/CVF Conference on Computer Vision and Pattern Recognition*, 2019.

[143] R. Zhu, Y. Liu, Z. Dong, Y. Wang, T. Jiang, W. Wang, and B. Yang. AdaFit: Rethinking Learning-Based Normal Estimation on Point Clouds. In *Proceedings of the IEEE/CVF International Conference on Computer Vision*, 2021.

[144] J. E. Lenssen, C. Osendorfer, and J. Masci. Deep Iterative Surface Normal Estimation. In *Proceedings of the IEEE/CVF Conference on Computer Vision and Pattern Recognition*, 2020.

[145] J. Zhou, H. Huang, B. Liu, and X. Liu. Normal Estimation for 3D Point Clouds via Local Plane Constraint and Multi-Scale Selection. *Computer-Aided Design*, Vol. 129, p. 102916, 2020.

[146] Y. Rao, J. Lu, and J. Zhou. Global-Local Bidirectional Reasoning for Unsupervised Representation Learning of 3D Point Clouds. In *Proceedings of the IEEE/CVF Conference on Computer Vision and Pattern Recognition*, 2020.

[147] D. Borrmann, J. Elseberg, K. Lingemann, and A. Nüchter. The 3D Hough Transform for Plane Detection in Point Clouds: A Review and a New Accumulator Design. *3D Research*, Vol. 2, No. 2, 2011.

[148] T. Groueix, M. Fisher, V. G. Kim, B. C. Russell, and M. Aubry. A Papier-Mâché Approach to Learning 3D Surface Generation. In *Proceedings of the IEEE/CVF Conference on Computer Vision and Pattern Recognition*, 2018.

[149] H. Fan, H. Su, and L. J. Guibas. A Point Set Generation Network for 3D Object Reconstruction From a Single Image. In *Proceedings of the IEEE/CVF Conference on Computer Vision and Pattern Recognition*, 2017.

[150] Z. Deng, Y. Yao, B. Deng, and J. Zhang. A Robust Loss for Point Cloud Registration. In *Proceedings of the IEEE/CVF International Conference on Computer Vision*, 2021.

[151] H. Kato, D. Beker, M. Morariu, T. Ando, T. Matsuoka, W. Kehl, and A. Gaidon. Differentiable Rendering: A Survey. *arXiv:2006.12057*, 2020.

[152] A. Tewari, O. Fried, J. Thies, V. Sitzmann, S. Lombardi, K. Sunkavalli, R. Martin-Brualla, T. Simon, J. Saragih, M. Nießner, R. Pandey, S. Fanello, G. Wetzstein, J.-Y. Zhu, C. Theobalt, M. Agrawala, E. Shechtman, D. B. Goldman, and M. Zollhöfer. State of the Art on Neural Rendering. *Computer Graphics Forum*, Vol. 39, No. 2, pp. 701–727, 2020.

[153] J. Ho, A. Jain, and P. Abbeel. Denoising Diffusion Probabilistic Models. In *Advances in the Neural Information Processing Systems*, 2020.

[154] L. Zhou, Y. Du, and J. Wu. 3D Shape Generation and Completion Through Point-Voxel Diffusion. In *Proceedings of the IEEE/CVF International Conference on Computer Vision*, 2021.

[155] B. D. Lucas and T. Kanade. An Iterative Image Registration Technique with an Application to Stereo Vision. In *Proceedings of the International Joint Conference on Artificial Intelligence*, 1981.

[156] S. Baker and I. Matthews. Lucas-Kanade 20 Years On: A Unifying Framework. *International Journal of Computer Vision*, Vol. 56, No. 3, pp. 221–255, 2004.

[157] P. J. Besl and N. D. McKay. A Method for Registration of 3-D Shapes. *IEEE Transactions on Pattern Analysis and Machine Intelligence*, Vol. 14, No. 2, pp. 239–256, 1992.

[158] Z. Zhang. Iterative Point Matching for Registration of Free-Form Curves and Surfaces. *International Journal of Computer Vision*, Vol. 13, No. 2, pp. 119–152, 1994.

[159] Z. Gojcic, C. Zhou, J. D. Wegner, and W. Andreas. The Perfect Match: 3D Point Cloud Matching with Smoothed Densities. In *Proceedings of the IEEE/CVF Conference on Computer Vision and Pattern Recognition*, 2019.

[160] W. Yuan, D. Held, C. Mertz, and M. Hebert. Iterative Transformer Network for 3D Point Cloud. *arXiv:1811.11209*, 2018.

[161] Y. Aoki, H. Goforth, R. A. Srivatsan, and S. Lucey. PointNetLK: Robust & Efficient Point Cloud Registration Using PointNet. In *Proceedings of the IEEE/CVF Conference on Computer Vision and Pattern Recognition*, 2019.

[162] Y. Zeng, Y. Qian, Z. Zhu, J. Hou, H. Yuan, and Y. He. CorrNet3D: Unsupervised End-to-End Learning of Dense Correspondence for 3D Point Clouds. In *Proceedings of the IEEE/CVF Conference on Computer Vision and Pattern Recognition*, 2021.

[163] R. Yanagi, A. Hashimoto, S. Sone, N. Chiba, J. Ma, and Y. Ushiku. Edge-Selective Feature Weaving for Point Cloud Matching. *arXiv:2202.02149*, 2022.

[164] Y. Li and T. Harada. Lepard: Learning Partial Point Cloud Matching in Rigid and Deformable Scenes. In *Proceedings of the IEEE/CVF Conference on Computer Vision and Pattern Recognition*, 2022.

[165] J. Deng, W. Dong, R. Socher, L.-J. Li, K. Li, and L. Fei-Fei. ImageNet: A Large-Scale Hierarchical Image Database. In *Proceedings of the IEEE/CVF Conference on Computer Vision and Pattern Recognition*, 2009.

[166] Z. Zhang, R. Girdhar, A. Joulin, and I. Misra. Self-Supervised Pretraining of 3D Features on Any Point-Cloud. In *Proceedings of the IEEE/CVF International Conference on Computer Vision*, 2021.

[167] S. Chopra, R. Hadsell, and Y. LeCun. Learning a Similarity Metric Discriminatively, with Application to Face Verification. In *Proceedings of the IEEE/CVF Conference on Computer Vision and Pattern Recognition*, 2005.

[168] F. Wang and H. Liu. Understanding the Behaviour of Contrastive Loss. In *Proceedings of the IEEE/CVF Conference on Computer Vision and Pattern Recognition*, 2021.

[169] S. Yan, Z. Yang, H. Li, L. Guan, H. Kang, G. Hua, and Q. Huang. Implicit Autoencoder for Point Cloud Self-Supervised Representation Learning. *arXiv:2201.00785*, 2022.

[170] S. Peng, M. Niemeyer, L. Mescheder, M. Pollefeys, and A. Geiger. Convolutional Occupancy Networks. In *Proceedings of the IEEE/CVF International Conference on Computer Vision*, 2020.

[171] R. Yamada, H. Kataoka, N. Chiba, Y. Domae, and T. Ogata. Point Cloud Pre-Training with Natural 3D Structures. In *Proceedings of the IEEE/CVF Conference on Computer Vision and Pattern Recognition*, 2022.

[172] H. Kataoka, K. Okayasu, A. Matsumoto, E. Yamagata, R. Yamada, N. Inoue, A. Nakamura, and Y. Satoh. Pre-Training Without Natural Images. *International Journal of*

Computer Vision, Vol. 130, No. 4, pp. 990–1007, 2022.

[173] H. Kataoka, K. Okayasu, A. Matsumoto, E. Yamagata, R. Yamada, N. Inoue, A. Nakamura, and Y. Satoh. Pre-Training Without Natural Images. In *Proceedings of the Asian Conference on Computer Vision*, 2020.

[174] K. Park, U. Sinha, J. T. Barron, S. Bouaziz, D. B. Goldman, S. M. Seitz, and R. Martin-Brualla. Nerfies: Deformable Neural Radiance Fields. In *Proceedings of the IEEE/CVF International Conference on Computer Vision*, 2021.

[175] K. Park, U. Sinha, P. Hedman, J. T. Barron, S. Bouaziz, D. B. Goldman, R. Martin-Brualla, and S. M. Seitz. HyperNeRF: A Higher-Dimensional Representation for Topologically Varying Neural Radiance Fields. *ACM Transactions on Graphics*, Vol. 40, No. 6, 2021.

[176] M. Atzmon, N. Haim, L. Yariv, O. Israelov, H. Maron, and Y. Lipman. Controlling Neural Level Sets. In *Advances in the Neural Information Processing Systems*, 2019.

[177] A. Gropp, L. Yariv, N. Haim, M. Atzmon, and Y. Lipman. Implicit Geometric Regularization for Learning Shapes. In *Proceedings of the Conference on Machine Learning and Systems*, 2020.

[178] M. Atzmon and Y. Lipman. SAL: Sign Agnostic Learning of Shapes From Raw Data. In *Proceedings of the IEEE/CVF Conference on Computer Vision and Pattern Recognition*, 2020.

[179] M. Atzmon and Y. Lipman. SALD: Sign Agnostic Learning with Derivatives. In *Proceedings of the International Conference on Learning Representations*, 2021.

[180] Minkowski Engine Usage. https://github.com/NVIDIA/MinkowskiEngine/wiki/Usage.

[181] C. Choy, J. Lee, R. Ranftl, J. Park, and V. Koltun. High-Dimensional Convolutional Networks for Geometric Pattern Recognition. In *Proceedings of the IEEE/CVF Conference on Computer Vision and Pattern Recognition*, 2020.

[182] M. Fey and J. E. Lenssen. Fast Graph Representation Learning with PyTorch Geometric. In *Proceedings of the International Conference on Learning Representations Workshop on Representation Learning on Graphs and Manifolds*, 2019.

[183] PyG (PyTorch Geometric). https://github.com/pyg-team/pytorch_geometric.

[184] I. Armeni, O. Sener, A. R. Zamir, H. Jiang, I. Brilakis, M. Fischer, and S. Savarese. 3D Semantic Parsing of Large-Scale Indoor Spaces. In *Proceedings of the IEEE/CVF Conference on Computer Vision and Pattern Recognition*, 2016.

[185] J. Gwak, C. B. Choy, and S. Savarese. Generative Sparse Detection Networks for 3D Single-Shot Object Detection. In *Proceedings of the IEEE/CVF International Conference on Computer Vision*, 2020.

[186] MinkowskiEngine's Documentation. https://nvidia.github.io/MinkowskiEngine/.

[187] H. Tang, Z. Liu, X. Li, Y. Lin, and S. Han. TorchSparse: Efficient Point Cloud Inference Engine. In *Proceedings of the Conference on Machine Learning and Systems*, 2022.

[188] H. Tang, Z. Liu, S. Zhao, Y. Lin, J. Lin, H. Wang, and S. Han. Searching Efficient 3D Architectures with Sparse Point-Voxel Convolution. In *Proceedings of the IEEE/CVF*

International Conference on Computer Vision, 2020.

[189] TorchSparse. https://github.com/mit-han-lab/torchsparse.

[190] N. Ravi, J. Reizenstein, D. Novotny, T. Gordon, W.-Y. Lo, J. Johnson, and G. Gkioxari. Accelerating 3D Deep Learning with PyTorch3D. *arXiv:2007.08501*, 2020.

[191] PyTorch3D. https://pytorch3d.org/.

[192] C. Öztireli, C. Häne, C. Häne, F. Cole, K. Rematas, and S. Bouaziz. TensorFlow Graphics: Differentiable Computer Graphics in TensorFlow. In *Proceedings of the ACM SIGGRAPH 2021 Courses*, 2021.

[193] TensorFlow Graphics. https://www.tensorflow.org/graphics.

[194] Kaolin. https://github.com/NVIDIAGameWorks/kaolin.

ちば なおや（早稲田大学/オムロンサイニックエックス株式会社）

先行事例

蚊を

箸で……

つまめて
しまった

いや もしかして
人類初では！

やったぜ私

人類にとっては
小さな蚊
しかし
私にとっては
大きな成果

その時
歴史が動いた

実は
一回あるんだよな

to the best of
my knowledge!!
(私の知る限りでは！！)

好物

はじめまして
開玖あいです
短い間ですが
よろしくお願いします

趣味は街中の手書きの
フォント探し

好きな物は

VICOOTESS

です

？

食べる物…？

弁当箱に
入れてきました

食べますか？

CAM柄だ…

はい

野菜かぁ

丘らふる 作／松井勇佑 編
（マンガ寄稿者募集中！ 寄稿をご希望の方は東京大学松井勇佑〈matsui@hal.t.u-tokyo.ac.jp〉までご一報ください）

CV イベントカレンダー

名　称	開催地	開催日程	投稿期限
NeurIPS 2023（Conference on Neural Information Processing Systems）[国際] nips.cc	New Orleans, LA, USA +Online	2022/11/28〜12/9	2022/5/19
ACCV 2022（Asian Conference on Computer Vision）[国際] accv2022.org/en/	Macau SAR, China	2022/12/4〜12/8	2022/7/6
ViEW2022（ビジョン技術の実利用ワークショップ）[国内] view.tc-iaip.org/view/2022/	オンライン	2022/12/8〜12/9	2022/10/28
『コンピュータビジョン最前線　Winter 2022』12/10 発売			
ACM MM Asia 2022（ACM Multimedia Asia）[国際] www.mmasia2022.org	Tokyo, Japan +Online	2022/12/13〜12/16	2022/8/8
CoRL 2022（Conference on Robot Learning）[国際] corl2022.org	Auckland, New Zealand	2022/12/14〜12/18	2022/6/15
電子情報通信学会 PRMU 研究会［12 月度］[国内] ken.ieice.org/ken/program/index.php?tgid=IEICE-PRMU	富山国際会議場 +オンライン	2022/12/15〜12/16	2022/10/20
情報処理学会 CVIM 研究会［電子情報通信学会 MVE 研究会/VR 学会 SIG-MR 研究会と共催，1 月度］[国内] cvim.ipsj.or.jp/index.php?id=cvim232	奈良先端科学技術大学院大学	2023/1/26〜1/27	2022/12/19
AAAI-23（AAAI Conference on Artificial Intelligence）[国際] aaai.org/Conferences/AAAI-23/	Washington, DC, USA	2023/2/7〜2/14	2022/8/15
情報処理学会 CVIM 研究会［電子情報通信学会 PRMU 研究会/IBISML 研究会と共催，連催，3 月度］[国内] cvim.ipsj.or.jp ken.ieice.org/ken/program/index.php?tgid=IEICE-PRMU	公立はこだて未来大学 +オンライン	2023/3/2〜3/3	2023/1/5
DIA2023（動的画像処理実利用化ワークショップ）[国内] www.tc-iaip.org/dia/2023/	ライトキューブ宇都宮	2023/3/2〜3/3	2023/1/20
情報処理学会第 85 回全国大会 [国内] www.ipsj.or.jp/event/taikai/85/index.html	電気通信大学	2023/3/2〜3/4	2023/1/13
電子情報通信学会 2023 年総合大会 [国内]	芝浦工業大学	2023/3/7〜3/10	未定
『コンピュータビジョン最前線　Spring 2023』3/10 発売			
CHI 2023（ACM CHI Conference on Human Factors in Computing Systems）[国際] chi2023.acm.org/	Hamburg, Germany +Online	2023/4/23〜4/28	2022/9/15
WWW 2023（ACM Web Conference）[国際] www2023.thewebconf.org	Austin, Texas, USA	2023/4/30〜5/5	2022/10/13

名　称	開催地	開催日程	投稿期限
ICLR 2023 (International Conference on Learning Representations) 国際 iclr.cc	Kigali, Rwanda ＋Online	2023/5/1〜5/5	2022/9/28
SCI' 23 （システム制御情報学会研究発表講演会）国内 www.gakkai-web.net/sci/ab/index.html	未定	2023/5/17〜5/19	未定
ICRA 2023 (IEEE International Conference on Robotics and Automation) 国際 www.icra2023.org	London, UK	2023/5/29〜6/2	2022/8/5
情報処理学会 CVIM 研究会/電子情報通信学会 PRMU 研究会 ［連催，5 月度］国内 cvim.ipsj.or.jp ken.ieice.org/ken/program/index.php?tgid=IEICE-PRMU	未定	2023/5 の範囲で未定	未定
ICASSP 2023 (IEEE International Conference on Acoustics, Speech, and Signal Processing) 国際 2023.ieeeicassp.org	Rhodes Island, Greece	2023/6/4〜6/9	2022/10/26
JSAI2023 （人工知能学会全国大会）国内 www.ai-gakkai.or.jp/jsai2023/	熊本城ホール	2023/6/6〜6/9	2023/3/3
『コンピュータビジョン最前線　Summer 2023』6/10 発売			
ICMR 2023 (ACM International Conference on Multimedia Retrieval) 国際 icmr2023.org	Thessaloniki, Greece	2023/6/12〜6/15	2023/1/31
SSII2023 （画像センシングシンポジウム）国内	パシフィコ横浜 ＋オンライン	2023/6/14〜6/16	未定
CVPR 2023 (IEEE/CVF International Conference on Computer Vision and Pattern Recognition) 国際 cvpr2023.thecvf.com	Vancouver, Canada	2023/6/18〜6/22	2022/11/11
RSS 2023 (Conference on Robotics: Science and Systems) 国際	Daegu, Korea	2023/6/23〜6/28	T. B. D.
ACL 2023 (Annual Meeting of the Association for Computational Linguistics) 国際 2023.aclweb.org	Tronto, Canada	2023/7/9〜7/14	2022/12/15
ICME 2023 (IEEE International Conference on Multimedia and Expo) 国際 www.2023.ieeeicme.org	Brisbane, Australia	2023/7/10〜7/14	2022/12/11
ICML 2023 (International Conference on Machine Learning) 国際 icml.cc	Hawaii, USA	2023/7/23〜7/29	2023/1/27
MIRU2023 （画像の認識・理解シンポジウム）国内 cvim.ipsj.or.jp/MIRU2023/	アクトシティ浜松	2023/7/25〜7/28	未定
ICCP 2023 (International Conference on Computational Photography) 国際 iccp2023.iccp-conference.org	Madison, WI, USA	2023/7/28〜7/30	T. B. D.

名　称	開催地	開催日程	投稿期限
SIGGRAPH 2023（Premier Conference and Exhibition on Computer Graphics and Interactive Techniques）国際 s2023.siggraph.org	Los Angeles, USA ＋Online	2023/8/6〜8/10	T. B. D.
IJCAI-23（International Joint Conference on Artificial Intelligence）国際 ijcai-23.org	Cape Town, South Africa	2023/8/19〜8/25	T. B. D.
Interspeech 2023（Interspeech Conference）国際 interspeech2023.org	Dublin, Ireland	2023/8/20〜8/24	2023/3/1
FIT2023（情報科学技術フォーラム）国内 www.ipsj.or.jp/event/fit/fit2023/	大阪公立大学 中百舌鳥キャンパス	2023/9/6〜9/8	未定
『コンピュータビジョン最前線　Autumn 2023』9/10 発売			
電子情報通信学会 PRMU 研究会［9 月度］国内 ken.ieice.org/ken/program/index.php?tgid=IEICE-PRMU	未定	2023/9 の範囲で未定	未定
ICCV 2023（International Conference on Computer Vision）国際 iccv2023.thecvf.com	Paris, France	2023/10/2〜10/6	2023/3/8
ICIP 2023（IEEE International Conference in Image Processing）国際 2023.ieeeicip.org	Kuala Lumpur, Malaysia	2023/10/8〜10/11	2023/2/15
ISMAR 2023（IEEE International Symposium on Mixed and Augmented Reality）国際	Sydney, Australia	2023/10/16〜10/20	T. B. D.
電子情報通信学会 PRMU 研究会［10 月度］国内 ken.ieice.org/ken/program/index.php?tgid=IEICE-PRMU	未定	2023/10 の範囲で未定	未定
情報処理学会 CVIM 研究会［情報処理学会 CGVI/DCC 研究会と共催，11 月度］国内 cvim.ipsj.or.jp	未定	2023/11 の範囲で未定	未定
AISTATS 2023（International Conference on Artificial Intelligence and Statistics）国際 aistats.org/aistats2023/	Valencia, Spain ＋Online	T. B. D.	2022/10/13
NAACL 2023（Annual Conference of the North American Chapter of the Association for Computational Linguistics）国際	T. B. D.	T. B. D.	T. B. D.
KDD 2023（ACM SIGKDD Conference on Knowledge Discovery and Data Mining）国際	T. B. D.	T. B. D.	T. B. D.
SICE 2023（SICE Annual Conference）国際	T. B. D.	T. B. D.	T. B. D.
3DV 2023（International Conference on 3D Vision）国際	T. B. D.	T. B. D.	T. B. D.

名　称	開催地	開催日程	投稿期限
ACM MM 2023（ACM International Conference on Multimedia）国際	T. B. D.	T. B. D.	T. B. D.
IROS 2023（IEEE/RSJ International Conference on Intelligent Robots and Systems）国際	Detroit, USA	T. B. D.	T. B. D.
UIST 2023（ACM Symposium on User Interface Software and Technology）国際	T. B. D.	T. B. D.	T. B. D.
IBIS2023（情報論的学習理論ワークショップ）国内	未定	未定	未定

2022 年 11 月 4 日現在の情報を記載しています。最新情報は掲載 URL よりご確認ください。また，投稿期限はすべて原稿の提出締切日です。多くの場合，概要や主題の締切は投稿期限の 1 週間程度前に設定されていますのでご注意ください。

Google カレンダーでも本カレンダーを公開しています。ぜひご利用ください。

tinyurl.com/bs98m7nb

編集後記

イスラエルの Tel Aviv で開催されている国際会議 ECCV 2022 に現地参加しつつ，この編集後記の筆を執っています。2019 年 6 月にロングビーチで開催された CVPR に参加して以来，約 3 年ぶりの現地参加となりました。当たり前ですが，論文発表者本人から直接説明を聞いたり，質問できたりすることの幸せを改めて心底感じているところです。アフターコロナにおいては，オンライン参加のメリットを享受した新しいスタイルに向かっていますが，対面開催において受け取る情報量の多さを再認識しました。各研究が発する情報・メッセージを紐解く作業をしていく過程で，新たな研究のヒントへと繋がっていく感覚が現地参加することで蘇ってきました。

今回の ECCV では，通常の研究発表セッションだけでなく，スタートアップ企業の取り組みにフォーカスした Industry Track も開催されました。このセッションでは，スタートアップを起業した講演者に対して，参加者が熱い質問をしていたことがとても印象的でした。コンピュータビジョン分野は成熟しつつあり，研究というフェーズからビジネスへと変革を遂げている最中であることを実感しました。セッションの中で起業の際の重要な考え方として紹介された言葉が以下です。

"Fall in Love with the Problem, Not the Solution" - Uri Levine

こちらは，Uri Levine 氏による起業家向けの言葉ですが，研究や開発においても同様にとても大切なことであり，解決法である技術に対してのみ恋に落ちないよう，自戒の念を込めてここに紹介します。

さて，本書で 5 冊目となる『コンピュータビジョン最前線 Winter 2022』は，3 次元世界を理解する CV 技術を扱うことができました。「書を捨て，街に出よう」という言葉がありますが，いつか近いうちに，これまでの『コンピュータビジョン最前線』著者の皆さん（現在までに総勢 30 名以上）と読者の皆さんが直接お話しできる機会（きっと，コンピュータビジョン最前線祭り!?）をつくり，「全冊を持って，街に出よう」と宣伝したところで紙面が尽きました。賛同者はぜひ藤吉 (fujiyoshi@isc.chubu.ac.jp) までご一報下さい！ 一緒に企画しましょう。

藤吉弘亘（中部大学）

次刊予告（Spring 2023／2023 年 3 月刊行予定）

巻頭言（内田誠一）／イマドキノ 植物と CV（大倉史生・郭 威・戸田陽介・内海ゆづ子）／フカヨミ Embodied AI（吉安祐介・福島瑠唯・村田哲也）／フカヨミ マテリアルセグメンテーション（延原章平）／フカヨミ データ拡張（鈴木哲平）／ニュウモン ニューラル 3 次元復元（齋藤隼介）／不思議な鏡（@casa_recce）

コンピュータビジョン最前線　Winter 2022

2022 年 12 月 10 日　初版 1 刷発行

編　　者　井尻善久・牛久祥孝・片岡裕雄・藤吉弘亘
発 行 者　南條光章
発 行 所　**共立出版株式会社**
　　　　　〒112-0006　東京都文京区小日向 4-6-19　電話　03-3947-2511（代表）
　　　　　振替口座　00110-2-57035
　　　　　www.kyoritsu-pub.co.jp

本文制作　㈱グラベルロード
印　　刷　大日本法令印刷
製　　本

検印廃止
NDC 007.13
ISBN 978-4-320-12546-9

一般社団法人
自然科学書協会
会員

Printed in Japan